# 创意立裁

邱佩娜 著

中国纺织出版社

# 内 容 提 要

创意立裁是在传统立体裁剪的基础上，挖掘寄予人台直观造型的创意成分，将服装语境下的空间思维、造型创意方法及互动方式融合并构架了一个可操作的系统，实现立裁造型的自由境界。

这本书提出了一个使创意与技术相互转化的训练手段，它主张"动手即设计"，建立设计师对服装造型与空间形式的直观认识。

## 图书在版编目（CIP）数据

创意立裁／邱佩娜著 .—北京：中国纺织出版社，2014.1(2021.4重印)

ISBN 978-7-5180-0064-7

Ⅰ.①创… Ⅱ.①邱… Ⅲ.①立体裁剪 Ⅳ.①TS941.631

中国版本图书馆CIP数据核字（2013）第232651号

策划编辑：华长印 杨美艳 责任编辑：杨美艳
责任校对：梁 颖 责任设计：何 建
责任印制：何 艳

中国纺织出版社出版发行

地址：北京朝阳区百子湾东里A407号楼 邮政编码：100124

邮购电话：010—67004422 传真：010—87155801

http://www.c-textilep.com

E-mail: faxing@c-textilep.com

北京华联印刷有限公司印刷 各地新华书店经销

2014年1月第1版 2021年4月第7次印刷

开本：710×1000 1/16 印张：19

字数：180千字 定价：69.80元

# 序

简单而言，创意即"设计出的新意"，人们常常用"点子"、idea 或草图来表达"创意"。一个不错的创意能让作品或产品升值，而缺乏创意的技术再怎么娴熟也很难走出困境。同时，因为无法与技术衔接，99% 的"创意"不能实现，就只能停留在点子、idea 和草图上。"技术"应该是实践的标志，但在多数人眼里，技术常常被理解为技巧，而技巧又常被等同于"技能"——一组通过反复练习就能获得的动作程序。由此看，创意应是一种精神层面的活动，技术则是实打实的操作过程，很显然，前者偏向于主观理想，后者侧重于客观现实。在人们的心里，创意和技术似乎早就不是一回事了。

如果说"创意是一门技术"呢？这当然是一件再理想不过的事情了。它意味着创意和技术能融为一体，创意是可以与技术一起生发出来的，创意本身就应该是一个实践的技术的过程。然而，多数人会把"创意是一门技术"这句话当做一个理想主义的标签：飞扬无序的创思怎么能和严谨理性的技能当成一回事呢？如果宽泛地理解，这句话确实会很牵强，而且漏洞百出，但在"立体裁剪"的语境中，它就变得很好理解了。

在学院的课程中，"立体裁剪"首先被看成是一门技术类课程：初次接触"立裁"的学生要学的是"基本的手法"（披挂、折叠、分割、穿插等）以及每一种手法里的基本程序和动作要领。在有限的时间里，教师也只能提供最为基础的内容。在这些技术性的操作中，学生很难体验到灵感的涌现和表达的快感，他们离那种"创意的状态"好像还很远。如何让学生们进入技术与创意相融合的状态？于是就出现了《创意立裁》这本书。

　　《创意立裁》是一本学术专著，它要研究和证明的是：艺术的思维过程和实操技术是如何交织互融的。它以最简单的手法为起点，为读者画出了从简单元素到丰富形态一步步转化的技术路线图，让读者看到形态之间清晰的变换过程，更重要的是，它描述了创意与技术之间的互动——手、脑、眼的博弈过程，以及在这个过程中，技术与思维之间的默契互动方式。从图例上，读者就能感受到：技术从一开始就成为创意的手段，技术本身就是一种创意，创意本身就是一门技术，本书把这种"思维意识和技术能力"的同步提升称之为"互动"。

　　从创意的角度看，要带动技术的进步，需要丰富的、具有冲击力的创新思维，创新思维的特征是不断涌现的创新形态，这就需要技术本身是一个具有创意功能的、开放的系统。《创意立裁》力图证明并展示这个系统的存在和它的特殊的效力：从造型初始，无论是"直接造型"还是"间接造型"，面料呈现出的结构就始终是动态的、开放的、具有创意的，这里的结构总是处于新形态的探索过程中，这就让实践者直接进入了创意状态，并始终处于这种状态中，丰富的、具有冲击力的创新思维就是在这种状态中培育出来的。

　　《创意立裁》的图例是从数千个实验中提取出来的，实验的内容包括对设计的理性和秩序感的探索，它们是作者在自己几十年实践摸索的基础上，对技术与创意之间的辩证关系所作的总结和升华。这些实验花费了七年的时间，在这两千多天里，几乎每天都要工作到半夜。提及这些数据的目的无非是想证明，《创意立裁》是一部原创的、充满灵性和热情的学术著作。本书的出版，意味着对"创意—技术互动系统"的开发和研究，将进入一个新的阶段。

林竞道

2013. 11

# 目录

# 第一章
## 创意立裁的设计观

目的：构造人体形态

本质：方法论

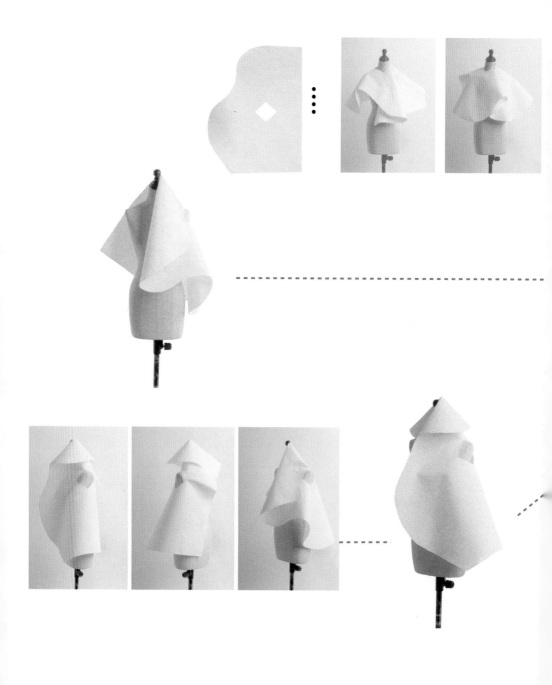

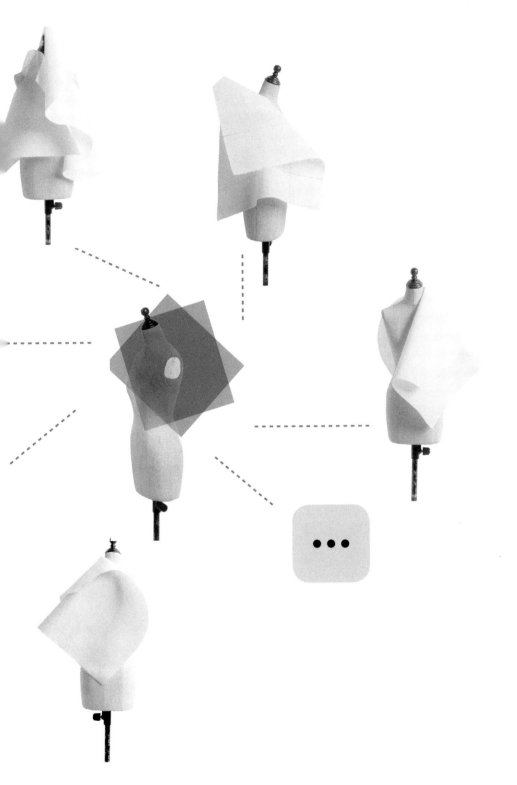

# 第一节　立裁与创意

## 一、基础立裁

服装立体裁剪（简称"立裁"）是指用白坯布为常用替代物，在人台上直接塑造服装样式，并进行样板制作的技术。由于立体裁剪是设计师主要依靠视觉进行的直观操作的过程，所以它具有激发和展开新的设计思维的功能。

立裁是相对于平面裁剪而言的概念。尽管立裁也可能是平面剪裁的一种延伸和深化（在设计实践中常常如此），但它自己在教学和研究中已经形成了一整套的操作技术和程序，人们通常把它看做是一种解决"现代服装造型理念"的系统性方法。正是在这种既具体、又创意的技术操作下，现代服装的造型和结构设计有了不断地发展。目前的立裁教学系统通常包括这样一些内容：它以"经典"款式为研究对象，以布丝的纱向作为参照，对合体形态进行"松量"的分配，对服装的造型、结构进行直接的塑型和设计。我们把这部分内容暂且称之为"基础立裁"。

基础立裁为我们剪裁"经典款式"提供了更为便利的变化方法，但这并不能涵盖立体裁剪概念的全部，因为"立体裁剪"所特有的形象性、直观性的造型过程，使其再加具备变化自由、造型细腻的天性。

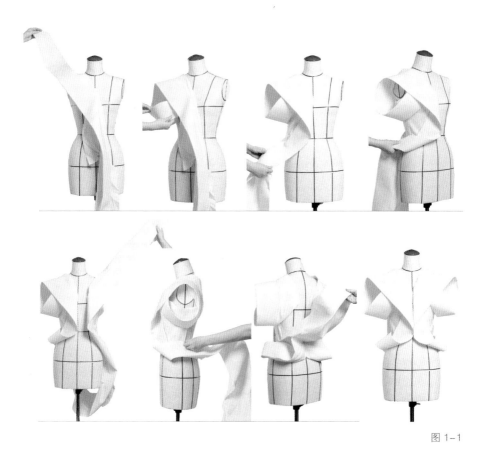

图 1-1

## 二、创意立裁

"创意"体现的是"创造力"，也可指"发掘新事物"的能力。由于材料、思维及操作手法等因素在立裁过程中同时出现，每个因素都具有可变性，每个因素之间又是相互作用的，由此而产生的诸多变化，使立裁本身成了诱发新思路的过程（图1-1）。

如何在结构设计中引发创意，一直存在着多种探索。从披挂式的"平面服装"、结构简单的半成型服装到结构丰富的立体型服装，都在阐释着各自的设计理念。

从创意的角度看技术，技术和创意之间的沟壑可能没有想象的那么大，有时，它们可能就是一码事，或许我们可以就这么说："创意本身就是一门技术"。

谈及技术，它首先是某种方法（工艺），或者称之为"技术系统"，当然，技术也包括了应用。实际上，我们也可以从"技术系统"的角度去解读创意，以便寻找创意的具体途径。它涉及以下问题：设计的原创点从哪里找到？设计灵感如何持续？原创点如何不断衍生变化？创意造型与结构板型之间如何转换？工艺制作如何为创意服务？等等。当然，与个体感受世界的情形一样，创意的方法会因人而异，方法各有不同。但在服装创意的实践中，我们起码可以开展这样一些尝试：用立体裁剪的方法——通过在人台上直接变化出的形式，来引导设计者的思维走向，让立体裁剪的技术过程擦出创意的火花。立裁与创意同时生存。

或许由于多年从事立体裁剪教学的缘故，当重新审视立体裁剪过程中人、面料、人台之间的相互作用时，偶发性的创意就在不经意的动作中产生了，这是一种轻松做设计的状态与快感，我们从中体验出创作"软雕塑"般的乐趣。由此，我致力于研究并建立了"创意立裁"训练框架系统。如果尝试给创意立裁下一个定义的话，那么创意立裁就是指以基础立裁技术为平台的、使新的想法不断产生的创意过程（图1-2），在这个过程中，设计者的视觉、思维，手、脑同时运动，技术与创意同时"在场"。

图1-2

# 第二节　进入创意立裁的路径

一条完整的"创意链"，应该包括"产生想法"和"实现想法"这两个基本部分。不能实现的想法是空想，没有想法的人所干的一定是某种复制。因此，人类的活动一定是思考、经验、知识和技术的集合，在创意立裁体系中更是如此。我们说创意是一门技术，是因为它有着由易至难、循序渐进的技术程序。从下面的内容中，你能见到发散性思维的特点，了解到思维是如何发散开来的。这和创意立裁的"操作方法"有关。尝试以下几种训练路径，或许能让你体会到创意是如何被技术带动起来的。

## 一、"由内向外"的思路

它基于服装的常规结构（或称经典结构），从结构线、结构面再到外轮廓，是一个不断打破常规结构的创新过程。比如，设计师在造型过程中，可以先从服装的款式、类别或者某个局部出发，然后慢慢向外发散、扩展，直到"打破"这些结构线和造型线，通过不断地创新变化，使设计者的视觉思维慢慢开阔，不再被这些固有的形式所束缚，例如在依托人台上的公主线进行立裁过程中，采用折

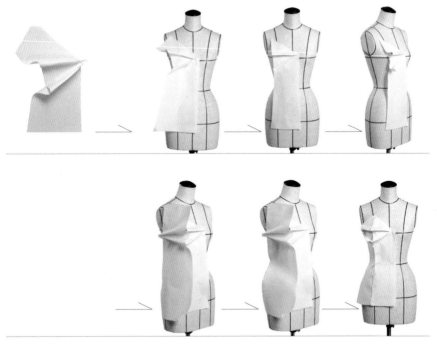

图 1-3

叠方法（图 1-3）使其胸部脱离基础立裁的"原型"造型，增加了突破性的造型尝试，拓取样板后得到一定空间层次的造型效果。

对那些在服装制板、服装工艺上具有相当基础的人，这个路径特别有用，它能充分发挥动手操作的优势，享受变化带来的视觉冲击，提高自己的感知能力，让自己的设计更有突破性。

## 二、"由外向内"的思路

一开始就抛开服装的常规形象和概念，经过一系列的变化，让它逐渐回归到服装形象感的设计过程。开始训练时，要放开思维去做。先用基本手法（详见第二章）做大造型设计，再结合人体功能需要，进行细节的调整和设计。这种方法是为了使我们的思维不局限在常规思路上，在用面料塑型的过程中慢慢培养对服

图 1-4

装的感觉。如图 1-4 所示，将布片披挂后并没有马上依托人台基准裁剪造型，而是在布片上做各种穿插形态的尝试，选定某种效果后再进行与人台腰部（或其他部位）的不同贴合程度的操作，最后参照人台上的结构标记确定衣片轮廓。

## 三、局部带动整体的思路

这里所说的局部，可以指服装的某个部分，也可以指人体的某个部位。我们可以用于某个局部的设计，比如：领子（图 1-5）、袖子、下摆等，也可针对人体的某个部位（肩、胸、腰、臀）进行重点设计，以带动整体的设计效果。

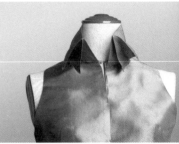

图 1-5

## 四、平面与立体结合的思路

这里所说的平面，是平面裁剪形式的"粗裁"面料，指在面料还没有放到人台之前所作的各种处理，如对面料先进行简单的切割，不同的切割所形成的不同形状，可使面料在放置到人台上之后呈现出多种立体形态；另一种处理的方式是：将不同质地的面料拼接后，再披在人台上做多方位的互动。平面的线、面、肌理在人台上所呈现的立体形态，比直接进入立裁造型能产生更多的效果，而制造更多效果的目的，是提高诱发创意的几率（详见第四章）。

## 五、从元素提炼造型

生活中的点点滴滴都能触发出我们的创意，创意所引发出的概念即成为"元素"。问题是：造型经验如果还没有达到一定量的积累，创意就很难得到激发。因此，要设法"制造出"各种造型形式，以加速造型经验的积累，并以此作为"获取创意"的工具。在创意的过程中，需要抽取元素中最适合造型的形式和结构（详见第三章），舍弃与造型不相干的东西，提取出服装造型的"时尚形态"。元素抽取与"形式制造"结合后，能够发散出更多的效果，最终所获得的"原创之点"就隐藏在它们当中。从元素到造型的互动过程，即是寻找原创之点的过程。

借鉴"立裁"所搭建的创意技术（或创意思维技术）路径，可以有效激活设计者的灵感，拓展设计思路。设计者在构思、造型、修改的过程中，手、脑、眼之间获得持续不断的"互动"，这种互动具有由表及里、由浅入深的"渐进性"，这正是"技术"的一个特征。虽然在实际上，创意立裁从一开始就允许设计者进入创意状态，创意活动本身并不具有渐进性，创意在整个过程中是自始至终存在着的，但上述"渐进性"的意义，在于使经验和时间都很有限的学生尽快接近"创意"的状态，"制造出的"各种效果能激活他们的创新思维和创新热情。为学生所铺垫的这些步骤，环环相扣，由简至繁，它们既有技术的渐进性，又始终是在互动中进行的。

不断"互动"才使创意无尽衍生，并保持我们设计所需要"创新激情"，这也正是创意立裁方法中"创新技术"的起点和止点。

# 第三节　创意立裁中的设计观

我们试想通过一种方法，填平"设计过程"与"制板过程"之间的沟壑，让设计的乐趣从纸面上延伸到立体造型中来，并使之融合成一个有趣过程。这个方法就是"服装造型设计与立体裁剪"的一体化，从这个角度而言，创意立裁是一个训练系统，或可看做一个训练过程，参与者不仅要对其概念有正确的理解，还要亲身实践。重要的是，经过这个过程的训练，在打开创意思维系统操作方法的同时，让设计者在设计过程中享有自由创作的状态，审美能力也会随之提高。

## 一、互动："动手"即设计

让我们回到设计之初。取一块布料，搭在人台上，肩、胸、腰、臀构成服装支点，设计者放松思维，随意折叠、展开或者感受这块布料。在动手的过程中，布料呈现出一系列动态造型，这些造型的每一步，都代表着一次审美选择。在动手的过程中，每一个步骤都可以理解为布料与设计者的对话。设计者在其无限变化中选择自己最需要的那个结果，这种选择，恰恰体现了设计的本质——在动手的过程中推进设计，"做"即设计，对服装设计而言，在动手中思考比纸上画图的思考更有价值，这就是本文"创意立裁"的核心理念。在立体的人台上，用空间与几何的理念理解造型，观察动态的体面结构，在千变万化中，设计者的创意空间可放到最大，这是传统的单纯"画图设计"所难以比拟的。

传统的设计多注重思维本身的活动，以及将这种思维落实在图纸上。多数时候，草图是一种仓促的记录，是一种协助"设计思路"继续演变的某种形式。它仅仅是"某种形式"，但不是唯一的形式。实际上，即使在传统的设计中，依然存在着"不靠草图"、直接在人台上做设计的方式。比如1930年代的维奥奈（Madeleine Vionnet）。

"创意立裁"提倡手、脑、眼的互动，这种互动是产生新思路的有效手段。通过实践中的偶发性，刺激视觉和想象力，不断激发大脑的思考。在这个不断受到冲击的过程中，设计者体验、感受、寻找、选择服装设计过程中呈现的对称、均称、节奏、有机统一等美的形式，设计主体的审美能力由此而得到提高。

在"创意立裁"所展开的设计过程中，手、脑、眼之间互相影响，使设计处于不断地变化过程中。手不是简单地"熟练工"，手动的真正魅力在于：我们在手动的过程中可以创造（或"碰"出）创意的"偶然性"，它会刺激我们的大脑和视觉进行再次创造。脑也不仅仅是信息的存储库，同时，大脑也不能离开动手和视觉，只有依赖这些过程中产生的偶然性，才能刺激我们的大脑，让思维有效地运作和提升。在动手和动脑的过程中，随着大量的经验积累，我们的眼光不断提高，眼界扩展，审美更加深刻。这个过程与其说我们用眼睛去判断，不如说我们的实践和视觉都在带动着大脑去思考。这样，眼、手、脑同时向前迈进，就不会出现"眼高手低"的情况了。

服装创意立裁中的"互动"由很多小方法组成。下文列举的一些典型例子，着重说明互动的意义。

## 1. 平面阶段

从平面入手进行的探索，它一开始并不依托人台，利用基础板型进行各种变化。随着互动的持续，各种手法、形式、造型不断展现（详见第四章）。

## 2. 立体阶段

在人台上进行探索，让眼、手、脑与面料之间产生互动，在空间造型的塑造中实现互动的价值。

显然这两个互动阶段的根本目的，不是为了做好或者完成某个设计作品，而是通过大量的训练，提高动手、动脑和审美能力。当量积累到一定程度时，就会引发质变，你会发现，互动过程本身就是一个设计过程。我们不需要"事先"为设计出一件完美的作品或为了某个新奇的点子而绞尽脑汁，因为在这个过程中，每一个即时产生的变化都会成为一个惊人的点子或者作品，设计变成一种选择，我们需要做的是在过程中不断地选择、取舍、完善。

服装的设计作品有时是按大众（成衣）、小众（前卫、另类、概念）来区分的。每一个设计原点、元素都会因不同的设计需求调整它的表现方式。当我们在互动过程中完善某个造型的时候，会越来越清楚自己要什么：自己在为哪一类需求考虑修改的方向调整或设计的侧重点。这是互动的深化路径之一。

从本文所提供的操作看，"互动"是一个可以不断放大的过程：从一块布的一个褶皱（图1-6）开始，通过元素的扩大、增加和组合，立裁对象呈现出更加复杂的形态（图1-7），它为我们的眼、手、脑提供了一个广阔而复杂的互动空间，刺激着我们的思维，并生发出创新的各种结果。事实上，眼、手、脑与立裁对象所产生的各种结果（图1-8、图1-9），让我们的实践具有了心理学的意义，它是基础立裁得以升华为创意立裁的一个动力。

创意立裁中的创意方法其实有很多种，只要我们能够正确理解这里的互动含义，并且在设计中充分发挥其作用，就会受益匪浅。

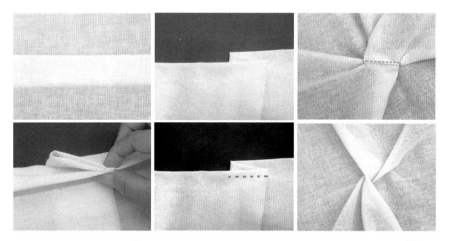

图 1-6

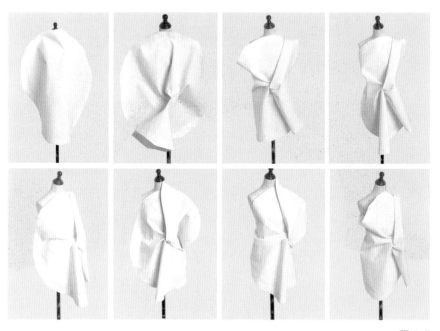

图 1-7

图 1-8

图 1-9

## 二、设计风格：人体在空间中的存在状态

现代时装与传统服装的识别系统大不相同，色彩、面料、造型、结构等元素的审美语言本质相同，但同样的元素在不同的时代却有着不同的应用形式。传统的审美标准是围绕人体展开的，核心为体现女性的人体曲线，以及强调一系列的搭配和谐的视觉效果（形式美）。然而，从创意的角度看，当今的服装形态

设计或服装结构设计，越来越体现出对传统审美的超越。设计者不能仅仅用合体、廓线和比例去理解服装的造型理念了。衣服还代表了穿着者的情感、态度与愿望，它呈现出"人体在空间中的存在状态"，服装成为心灵与身体对话的语言媒介。

其实我们是在谈论"服装审美标准"。"美"的标准太游离，相比之下，"设计风格"更易于描述。创意立裁所实现的服装风格具有一种"设计的思考"的意味，它思考的维度比传统设计观念更宽阔。

比如对"穿着体验"的理解：如何避免设计完美到了极致却没给穿着者留出一点空间？我们希望为每一个穿着者留下可以介入的系统，哪怕多开一个口子、多出几处暗扣，多了一个选择就多出一个或更多的设计形式。就互动体验来说，使用产品的体验有时比产品的物质本身重要。这种设计理念决定了服装造型语言与结构语言将不同于常规意义上的评判标准。服装可以反"常规的优雅"，表现出超乎于"包裹人体"功能之外的情感震撼，类似摇滚风格、波普风格及朋克风格，激发出人类潜伏的另一种情感感受，满足了特定时代人们对于着装的要求。尽管在时装审美多样性的表现中，传统审美观基础上的创新永远易受大众消费者接受，制板的严谨、传统工艺制作的优良，在服装传承方面至为重要，但设计与造型首要的是靠思维而不是技巧，创意立裁并不反传统，它着重于对设计理念与思维的拓展。

服装立裁过程中的诸多创意造型，是对现有服装形式的超越，创意是探寻"超前的"各种可能性。当代许多大师在进行服装设计时，把服装的造型结构作为创意表达的直接要素。结构造型除表现自然人体形态之外还有另一条鲜活的脉络存在：它表达的并非是人体的自然形象，而是对这个自然形象的刻意超越，其价值在于诱发设计者的"创造性"，以便满足"小众消费"的需求。这并非是把两条脉络（大众与小众）对立起来了，在"大众化市场需求"设计中，当然有其特定的"创意空间"，如功能拓展、自然形态塑造等，多数院校的教学倾向于这条脉络。

传统的造型方法如褶裥、穿插、分割等，其全部的创意皆建立在最常规的审美原点与设计思维之上，但表达方式并非受到局限，如19世纪50年代迪奥时代的设计师们在几何造型基础上，探寻服装造型的各种可能性，其经典造型与款式影响了几代人的设计。但时代更替，除了包裹、缠绕、披挂等人体塑型手段外，当代设计师还会考虑"人体与服装形态"之间所产生的各种空间关系，它突破了"从外面看服装"的视觉习惯，设计师们更愿意关注的是身体由内向外拓展时所产生的各种服装形态，这些形态随着身体的活动得到延伸和变化。它说明造型是人体与服装形态之间的相互转换，沿着这种开放的思维发展，能看到创意造型的新规律。

因此，对创意立裁手法所塑造的种种服装表现形式不必犹疑，放下对"款式"概念的执著，用自由的心态还原面料的生命感觉，线与面的交汇不仅仅形成线条优美的韵律，还会有体量、空间的感觉与层次，人体与面料之间流淌的空间具有呼吸感，服装由此创造出表达生命本源精神的视觉力度。

## 三、造型语言：面、体、维

服装最终形成的是一个空间。有人说服装是流动的软雕塑，如果我们将服装作为立体构成艺术来看，就会发现服装是体现空间整体魅力的一种构成艺术，它体现了服装的空间体积感，设计者通过在人台上对面料的把握能力来塑型。点、线、面的组合应用构成服装的立体表现形式。服装上所谓的"线条"和"造型"，不是落于纸面的效果图或是结构图中的线、形，而是立体的、三维空间中的面和体（图1-10）。

　　我们在进行平面裁剪时，只有长、宽两种量度，即平面二维空间，而立体裁剪直接面对人体的厚度，这就要求在进行立裁设计的时候，要将平面的二维思维转化为立体的三维思维。只有从本质上发生思维的变化，才能够指导我们在设计制作的过程中加深对人体的理解，加深对服装立体造型的感知。举一个较为浅显的例子，在进行放松量的加放时，平面的思维是直接从侧缝处加入所需的放量，间接地把人体看成前后两片的平面造型。但以立体裁剪的手法来处理松量的时候，

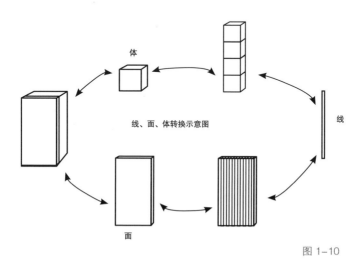

线、面、体转换示意图

体

线

面

图1-10

我们会将所需松量协调分配到水平维度所需的各个部分，如胸高点处、前胸宽的转折处、腋下部分以及侧缝。虽然从整体上来看二者的放松量的数值是一样的，但很明显在立体裁剪中将这个松量"立体化"了，而平面上只是单纯地从宽度上进行延长。因此，训练三维空间的立体思维模式很重要，这种立体性的思维在创意立裁中是必备的能力。

立体构成是以点、线、面、体为元素去创造抽象的立体几何形态，作为一种思维模式，凡属于三维立体的造型与空间形态也都可以简化为初始的基本元素，环境建造、产品设计、工业造型都可以这样理解。服装款式造型更是如此，不仅要考虑到服装的造型美，在对服装的颈部、肩部、胸部、背部、腹部和臀部以及全身的造型处理时都采用了立体构成的造型要素——点、线、面、体，在空间表现上采用分割、对称、平衡、韵律、单位与群体化等表现方法，使服装更加契合身体。

### 1. 面与体

立体构成原理提供了一条进入创意立裁的便捷之路。首先我们从立体的角度可以把人体（人台）看做是由各种几何曲面回转而成的封闭壳体。这种壳体可以视作为各种面通过移动并进行相应的呼应的组合，占有一定的空间，从各个角度看，都表现了不同的视觉形态。它既要受到人体的制约，同时又赋予人体更加完美和理想的含义。其次，根据人台上的服装外形轮廓的分类，可用立体构成中的几何形体块来分成五种基本的类型。方形体、球形体、塔形体、瓶形体和柱形体。而将这些基本形进行组合，就会进一步形成复合体型。通过对造型要素的分析，可知空间的体是点、线、面的组合，点、线、体、空间是密不可分的，世上的任何形态，离开了点、线、面的组合，都无法成立。"点"以位置为主，"线"以方向、长度形状为主，"面"以大小和形状为主，"体"以形状和量为主，再有对色彩、材料、肌理等元素的考虑，造型之要素无一不是服装立体构成的强调之处。对于"体"来说，平面是根本，对平面进行切割、折叠、弯曲而转化成为立体（图1-11）。从立体的角度，我们可以将人体分解成若干平面，服装的造型就是平面关系的组合，面与面之间的转折就是服装构成中结构线的关键位置，这些转折在服装上表现为结构线、省道，有时虽然没有直接表现出来，也是重点结构造型位置所在。"面"与"面"的组合关系中，相互间角度的关系不同，则又会形成凹凸曲折的变化，表现在人体上，凸点则可能是腰线位置，要塑造出这种变化，利用的就是角度。从某种意义上说，如果知道构成立体的每一个"面"的形状、大小、

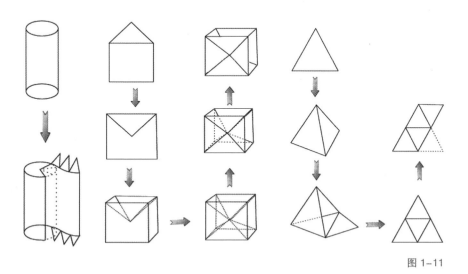

图1-11

角度及每一线段的长短，就可以得到该立体，立体构成的造型要素：点、线、面、体，与服装立体构成得到了高度统一。因此，从"塑型"的角度来看，立体构成更能准确表达服装的内涵。

### 2. 体与空间

任何一个立体都具有三维的空间：高度、厚度、宽度，人体作为一个复杂的立体，更具有复杂的体面关系。服装首先要塑造的是一个立体的空间，而这个空间又必须是对人体的一种包裹，亦即我们平常所说的"外包围"概念，这也是服装空间感的最直接依据。

体与体之间的关系可以用"空间"描述。由面成体，必然形成"空间"，空间概念在创意立裁的设计体系中，是"流动的存在"，它更适合被理解为一种"关系"或"状态"。举个简单的例子：服装衣身上的袖窿到领口处由体面关系构成了一个相对独立的横向空间，袖子从袖山处到袖口来说是一个相对的纵向空间，为了塑造这种方向不同的空间，我们需要使肩部袖线和袖山曲线弧等长而弯曲度不同，即利用线与面的关系改变空间结构。再比如省道设计，传统的省道设计是基于合体功能的需求。如果站在空间造型的角度，那么省道就突破了传统思维的局限性，它成为有意味的手段，改变服装内部空间的流动性。

尝试将某种空间的形态应用于服装廓形与结构的理解之中。

实体空间；虚拟空间；矛盾空间；闭合空间开放空间……

### 3. 三维空间与第四空间维数

三维服装造型是在依靠立体裁剪方法同时，融入了几何三维造型理念。通过衣片上的线面结构，较好地塑造服装正面、侧面等各方位的合体造型。创意立裁在"动手的过程"中注重对空间更前卫的思考，在富有创意的设计上，处理面、体、空间和相互关系中融入新的领域：空间的第四维数，使服装的空间构成艺术与设计方法注入新鲜血液，启发空间多元化造型。

在我们熟悉的三维空间里，有三对方向分别是上下（高度），南北（维度），东西（经度）。它们两两正交，互成直角。"纯空间性"的四维空间在此基础上延伸出另一对方向，用几何透视方法连接可构成多个三维空间的连续关系（图1-12）。服装空间与几何空间都不一定是现实空间的写照，更不能完全代表空间本身的存在形式。但几何的维度思维有助于我们进行服装语境下的空间拓展的思考。服装整体与局部；局部与局部的多重空间关系中，三维空间使他们形成了一些经典的款式造型，四维空间或更多维的空间概念，将引导我们拓展体与体、空间与空间更多表达关系。人虽然是介于第三维和第四维之间的生物，但却常常感

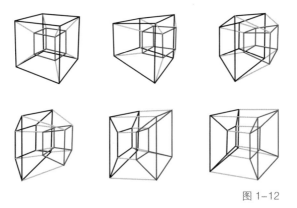

图 1-12

受不到第四维空间的存在，是因为我们已经把自己归类为智力上对二维、三维世界的观察者，只有通过几何推理才能认识第四维的空间。人类的审美发展规律往往是在理性思维下，作用于心理感应与形式美规律的挖掘。

三维、四维空间造型，在服装空间概念中不仅是维数变量，它还直接作用服装造型中线、面、体单位的角度和数量改变，及多样空间形态。

创意立裁是一个开放的体系，参与者自身的悟性与勤奋决定其理性与感性。四维在打破三维固有观念，实现视觉错觉造型途径上是一种尝试和思考。

# 第二章
## 服装材质的创造力

感知材料：理解服装的情感

尝试手法：进入服装的状态

# 第一节　感知材料

除了对款式、结构、造型和色彩的思考之外，服装设计还包括对材质形态美的挖掘和拓展。色彩、款式和材质构成了服装的造型三要素，其中材质对服装的造型、风格、性能等都起着至关重要的作用。它是服装色彩的承载物，主宰着服装结构的张力，更是服装设计师极为重要的灵感源。

从创意的角度讲，对服装材料的选择几乎没有限制。远古时期的服装似乎也部分地佐证了这一点：我们祖先的体服材质是兽皮、树叶和羽毛，服饰配饰的材料是石头和贝壳。

材质没有优点，没有缺点，只有特点。在对待材料的态度上，"怎么用"比"用什么"更重要。为了使材质的生命力与服装的造型语言相互融合，设计者必须以感知材质为前提，在了解材质特点的情况下寻找设计思路。

"材料风格"可以分为两类：一是材料自身的风格；二是与服装样式结合后形成的风格。后者说明材料的风格也是设计师的主观意识发挥作用的产物，例如要表达扩张感，既可以用本身就很挺括的面料（例如麻料或由真丝织成的绡），也可用各种材料（如鱼骨、裙撑、衬布、衬垫等）把这种感觉体现出来。

图 2-1

## 一、服装材料与造型风格

从常规的角度看，服用材料是用于制作服装的面料和辅料的总称。

面料泛指用以制作服装表层的材料，多为纺织物、毛皮和皮革等。辅料则多指里料、衬垫料、絮填料、缝纫线等辅助材料。

将服装的品类与材料的类别进行匹配，有利于把握材料与服装样式之间的关系。按品种、用途、制作方法，服装材质可分为西装类面料、衬衫类面料、裤料，或用于各个服类的专用面料（如单衣类、大衣类、风衣类、夹克类、棉衣类、羽绒服、登山服的面料等）。结果设计者在进行造型的过程中直接感受了材质的薄与厚、挺与柔、弹性与粗犷等特质，这些感知无疑会增加服装创意的真实性。从一般的产品角度而言，任何一个服装的种类（服类）都有其特定的面料、辅料以及特定的加工工艺，它们决定了这类服装产品的特征（图2-1）。设计师面对的是一个无限庞杂的领域：仅工艺上的某个差别（如水洗面料中的石磨洗、漂洗、普洗、砂洗、酵素洗雪花洗等），就会产生多种产品的品类。按照这样的逻辑推理，很难将材质与设计之间的关系理清。多数设计师乐意接受这样的做法：他们会略去诸如纤维结构、工艺方法等"物理要素"，而更看重材质的"情感要素"，比如以造型为己任的服装设计师所常用的肌肤的感受、特定的视觉效果等。

对材质的触觉是以用手触摸织物时产生的感觉来衡量织物的特征，"手感"

图 2-2

也可称为织物的狭义特征。织物的性能决定了服装的服用性能，"服用性能"是指服装在穿着和使用过程中所表现出来的一系列性能，把面料放在手上，或搭在手臂、肩膀上，设计师能获得对这种面料更为细腻的感知。

对材质的视觉判断是以形态感、光泽感等特征为标准的。形感是指织物在特定条件下形成的线条和造型效果，如织物的悬垂效果，"形感"也可称为它织物的形态风格；光泽感是由织物的纤维种类、纤维粗细、结构方式决定的。同时，挺括度、肌理感、光泽感、图像感等，也是由织物的结构、表面处理与形态表达出来的。

不管是材料自身的风格，还是与服装样式结合后体现的风格，通过体验材料的风格对服装造型风格的形成尤为重要。


## 二、材质特性与表现

### 1. 棉型风格织物的特性与效果

以棉纤维为原料的机织物（图 2-2），又称棉布。大体有五类：平纹、斜纹、缎纹、起绒、起绉类。这些细腻的分类，除了了解它们所具相同的吸湿、透气、易洗等特性外，还应该感知它们在造型过程中的差别。

图 2-3                    图 2-4

## 2. 麻型风格织物的特性与效果

以麻纤维为原料的机织物，主要有两类：苎麻布和亚麻布：虽然它们都具有凉爽、透气等特点。但它们在容易褶皱、挺括感方面有不同表现。

## 3. 丝型风格织物的特性与效果

以蚕丝为原料的机织物。品种繁多，用途广泛。

如：纺、绉、绸、缎、锦、罗、纱、绫、绢、绒等，由于采用纹路组织的不同，这些丝织物在紧密细致、凹凸纹路、平挺光滑等方面有着很大区别，需要在款式造型时仔细体会它们的差异（图 2-3）。

## 4. 毛型、化纤织物的风格与效果

毛料是以羊毛或其它动物毛作为原料的机织物，又称呢绒。它们常被分为三类：精纺呢绒、粗纺呢绒、长毛绒。

毛型织物拥有优良的面料品质，虽然呈现的色泽多不如化纤织物鲜艳，可正因如此使得毛料颜色更加耐看。在使用毛型织物做设计时可以结合各类毛纤维丰富造型的肌理与层次。

以化学纤维(简称化纤)为原料的机织物。有合成纤维(涤纶、锦纶、腈纶、维纶、丙纶等)织物和人造纤维(粘胶、铜铵、醋酯等)织物两大类。用作服装面料的化纤织物品种繁多，主要有以下几种：变形丝织物、中长化纤织物（图 2-4）、仿

图 2-5

图 2-6

毛织物、仿丝织物、仿纱型织物、人造毛皮（图 2-5）等化纤织物中还有另一类特别常见的肌理，那就是"褶"。日本著名的服装设计师三宅一生独创的"一生褶"是将面料性能与服装造型以艺术化方式完美结合的典范，其实质就是化纤织物。"褶"的风格有很多，而化纤织物最适合于做"褶"造型的原理在于其形态稳固性。以热压或热塑方式制作而成的"褶皱"化纤面料，其造型的持久程度远高于其他类型的面料。

图 2-6 所示是仿鳄鱼皮肌理的化纤织物。这款织物结构紧密，拥有良好的挺括感和重量感。其塑造的鳄鱼纹路不仅保留了天然毛皮所具有的凹凸触感和局部皮质突起的特性，又融入了织物柔软、易于折叠的属性，而且其充满光泽的外表呈现出张而不放、华而不俗、雅而不虚的质感。

### 5. 裘皮与皮革材料的特性与效果

裘皮与皮革是珍贵的服装面料。一般将鞣制后的动物毛皮称为裘皮，而把经过加工处理的光面或绒面皮板称为皮革。

裘皮是防寒服装理想的材料，取其保暖、轻便、耐用，且华丽高贵的品质。用作服装材料的毛皮，以具有密生的绒毛、厚度厚、重量轻、含气性好为上乘。就服装用毛皮来说，有以下种类：豹皮、水獭、狐狸、羔皮、绵羊毛皮、貂毛皮、狗毛皮等。

皮革是各种真皮层厚度比较厚的动物原皮，经单宁酸鞣皮或重铬酸钾的铬鞣、

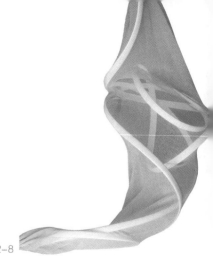

图 2-7 　　图 2-8

明矾鞣、油鞣等方法制成的，作为服装材料使用已有着悠久的历史。衣用皮革主要是服装革和鞋用革，主要有以下几类：

牛皮、羊皮、猪皮、鹿皮、马皮革、蛇皮革、鳄鱼皮革等。由于他们在造型风格上的明显差别，所以区分在服装、装饰上的不同应用（图 2-7）。

### 6. 专用塑形材料与塑形特性

（1）骨撑

骨撑种类繁多，主要有鱼骨、尼龙骨、胶骨等。骨撑既可以收缩塑形，如内衣胶骨、束腹撑骨等能更好地凸显女性身材，也可以扩张造型，改变传统人体外廓线。目前最常用的尼龙骨撑色泽鲜亮、手感光滑，机械强度、刚度、硬度、韧性都很高，具有良好的拉伸、弯曲强度、抗磨性能与尺寸稳定性也很好，最适于表现自然圆顺的弧线造型。

（2）裙撑

裙撑是一种能使外面裙子蓬松鼓起的衬裙，大多用硬挺的衣料裁制，在制作时可进行加褶或上浆处理等，把外面的纱裙撑起，显出膨胀的轮廓。裙撑主要分有骨和无骨两类。有骨裙撑适用于造型较夸张的裙摆，如厚缎的宫廷式裙摆、大拖尾的裙摆等。无骨裙撑一般都是采用硬质纱或棉布堆积制作，质量相对轻巧、透气。棉布的裙撑是以棉布本身的体积堆积出自然的曲线，外形华美、曲线自然。

图 2-9                          图 2-10

无骨裙撑与有骨裙撑相比形态较软，裙摆的饱满程度略较弱（图 2-8）。

（3）金属、金属丝

金属具有一定的延展性，塑形灵活度大、可变性多，同时金属的光泽具有科技、工业、太空等未来感（图 2-9）。金属丝也是常用塑形材料，最常用的铁丝和铜丝密度小、价格便宜、规格品种繁多。铜丝的延伸性能比铁丝好，易于塑造各种形态。铁丝的保型性更佳。尺寸稳定性最好的是钢丝，但需要在前期锻造时建模塑型。金属丝除了能支撑构成特定造型，还能为服装增加悬垂感，如在上装或裙子底摆加入金属丝，能产生一般材质难以达到的良好视觉效果。

（4）衬布、衬垫

按原材料分为棉衬、麻衬、毛衬、化学衬、纸衬、胸垫、肩垫等。

服装上使用垫料的部位较多，如：胸、领、肩等部位，在增强立体感、挺括度方面均有较大的造型空间。

（5）塑料

塑料是指以高分子量的合成树脂为主要成分，加入适当添加剂，经加工成型的塑性（柔韧性）材料，或固化交联形成的刚性材料（图 2-10）。塑料品种丰富，常见的有亚克力、尼龙、橡皮胶等，可以根据不同的需求选择适宜的塑料材料。虽然大部分塑料尺寸稳定性差，容易老化和变形，但其通透轻盈且易于整体塑造

图 2-11                                                                              图 2-12

曲直多变的空间形态，所以对于该性质材料的使用与研究，具有挖掘不尽的潜力。

（6）木材

木材是能够次级生长的植物所形成的木质化组织。木材具有天然的色泽和美丽的花纹，不同树种、不同材区成就了木材颜色纹理的多样性。木材吸湿性好，蒸煮后可以进行切片，在热压作用下弯曲成型；用胶、钉等能牢固地接合；易锯、易切、易打孔和加工成型。木材因管状细胞易于吸湿受潮，着色效果良好、对颜料附着力强，有非常大的可塑性。利用木条编织的方法能表达原始、空间等概念（图 2-11）。

服装造型设计与材料运用密不可分（图 2-12、图 2-13），造型需要适应的材料，材料就是为造型而生，许多服装造型的创意，就是从材料的应用研究开始的。

图 2-13

# 第二节　面料体验与造型手法

　　不同质地的面料，在表达同样的服装样式时会得到不同的造型效果；面料之间的不同搭配，也会带来不一样的视觉体验。面料带给我们的某种感受，会大大影响我们的设计走向和造型手法。实际上，任何一块面料都会有相应的操作手法与它匹配。从创意的角度讲，面料与造型的协调合作关系，决定了服装造型的成功与失败。所以，创意立裁的过程就是依据面料的厚度、挺度、重量、悬垂、弯曲、拉伸、弹性等物理感觉与立裁的操作手法相互协调的过程。

　　尽管创意立裁十分强调用"真实面料"进行设计，但在初学阶段，仍可以用便宜的白坯布、针织布面料做代替物，用叠、缠绕、披挂、分割等常用的基本手法进行造型训练（图2-14）。创意立裁是让操作者在动手的过程中获得更多的创意，同样的面料、同样的手法，在不同阶段的操作，都会有不一样的感觉出现。所以，不必太关注最后结果，不能忽略这个过程中任何一个诱发联想的细节，这样的关注对提高我们的视觉审美能力具有十分重要的意义。

　　服装设计是用材质围裹人体的过程，因此，造型是一个动态的过程，动态的造型会不断为材质注入新的信息。进行造型创意时所做的各种材料的匹配实验，能有效提高造型的表达能力，其基本手法可归结为四种：披挂造型、折叠造型、分割造型和穿插造型。以这四种造型为基础，又能衍生出多种形式，如旋转、

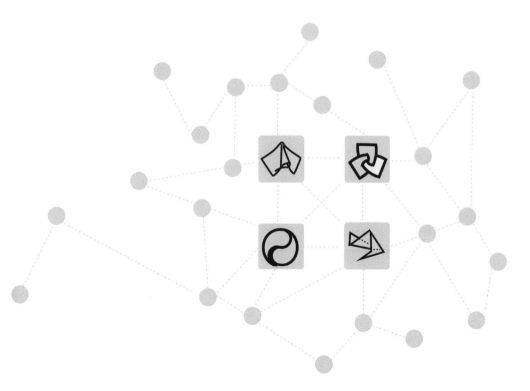

图 2-14

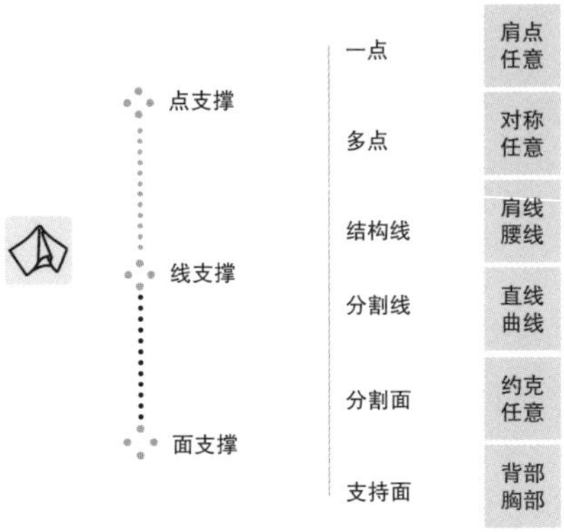

图 2-15

缠绕、抽褶等。在这些造型方法的基础上，如果进行与材料的组合变化，服装设计将是一个更加有趣的过程。设计师在某个局部抽褶、捏省，或改变一下披挂的角度，这些操作其实都是在感知材料。

## 一、披挂

披挂是最基本、最原始的服装造型手法。古人将形状规则的面料覆盖在肩背上，任其自然悬挂、下垂。古埃及人将布系挂于腰间，由此开启了古代服装的卷衣（Drapery）时代。随着时代的发展，布料披挂的方式越来越多，呈现的着装状态也更加多样。

"披挂"也可理解为将面料搭在人体上的一个动作。受到重力的影响，披挂在身上的布料会自然垂坠，产生特有的形态。在这里，面料的"重力分配"是披挂造型的核心：搭在身上"支点"是面料上的哪个位置？面料在身上的支点位于身体的哪个部位？这些问题决定了披挂后的视觉效果。由此可以看到重力有三个基本要素：大小、方向、作用点（支点）。显然，披挂的最本质的设计，是支点的设计，它意味着如何分解面料的重力。

人体对于面料的支撑方式有点支撑、线支撑、面支撑（图2-15、图2-16）。

点支撑：点是空间里最小的单位。作为相对存在的概念，点在此被理解成身

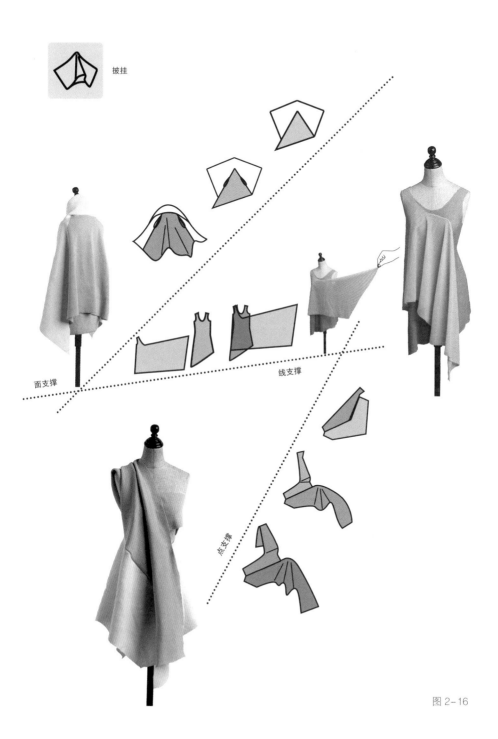

披挂

面支撑

线支撑

点支撑

图 2-16

体的某个较小且具体的局部，如头部、肩点等。点支撑将人体的受力主要集中到一个或多个分散的点上。

线支撑：线是点的运动轨迹，具有位置和长度。在披挂手法里，线支撑着重强调纬度方向上的线对于面料的支撑作用，如胸围、腰围、臀围等。注意区分的是，纬度方向的线并不等于水平线。

面支撑：面是线的运动轨迹，在长度的基础上有了宽度，有了面积，构成了更为丰富的形态。人是不规则的体，由很多曲面组成，人体对布料的面支撑在于对人进行体的分解以及面的把握。常见的面支撑结构有肩育克、腰育克等。

尝试披挂手法，先在人体上寻找支撑部位（通常为肩背），将面料覆于其上，感受面料的悬垂效果。然后进行局部的固定，局部可以是某个支点，例如头、肩；可以是常规结构线（肩线、腰线等）；也可以是整个人体面，例如前胸、后背。接下来是对未固定的布料进行处理或造型：一是加入材料，加入其他材料或者进行另一块面料的披挂；二是加入固定局部，对面料进行第二个甚至更多的局部固定；也可变换手法，融入其他手法使面料的造型效果多元化。

披挂最直观的结果是面料的飘荡和垂褶的产生。在完成造型之前，所有固定的局部都是可调整的。尝试披挂的过程需要重点感受力的方向、作用点变化后引起的垂褶变化，分析褶的出现与支撑部位（即固定局部）之间的关系，并且学会分辨、提炼出美的垂褶造型。

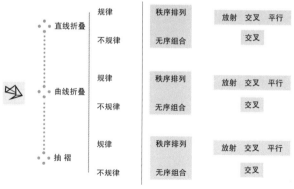

图 2-17

## 二、折叠

折叠在服装造型上的运用也可以追溯至史前，只不过当时人们对布料的折叠还比较简单，呈现的造型效果比较单一。我们常说的折叠是"折"与"叠"的相互作用。

"折"是翻转的一种；"叠"意为放置于某物之上，折叠也可以理解为连续、重复、累积的动作或状态，两者造成厚度的增加，从而产生空间。折叠的前提条件是面，在面的基础上通过施力构造新的力的支撑与平衡。其中，折作为主导动作，决定折痕的位置、长度、形态，确定支撑力的方向与作用点，直接影响叠的效果。

折叠手法不代表任何确切的形象，凡是由折与叠引起的面料起伏，不管是一个还是一堆，也不论折痕明显与否，都包含于折叠的范畴。

按照动作的运动轨迹，折叠分为直线折叠、曲线折叠（图 2-17）。

直线折叠：以直线为折痕的折叠（图 2-18）。

曲线折叠：以曲线为折痕的折叠（图 2-19）。

直线折叠和曲线折叠只是最基本的折叠形式，是折叠手法中最小的单位。现实中存在的折叠往往是这两个单位的连续、重复、组合、变化操作。通过设计折痕，对直线与曲线进行排列组合，构造折叠轨迹以塑造服装形态。线的排列分为平行、相交，构成中的线，只要不相交都可归结为平行。平行不单以直线为对象，树枝、

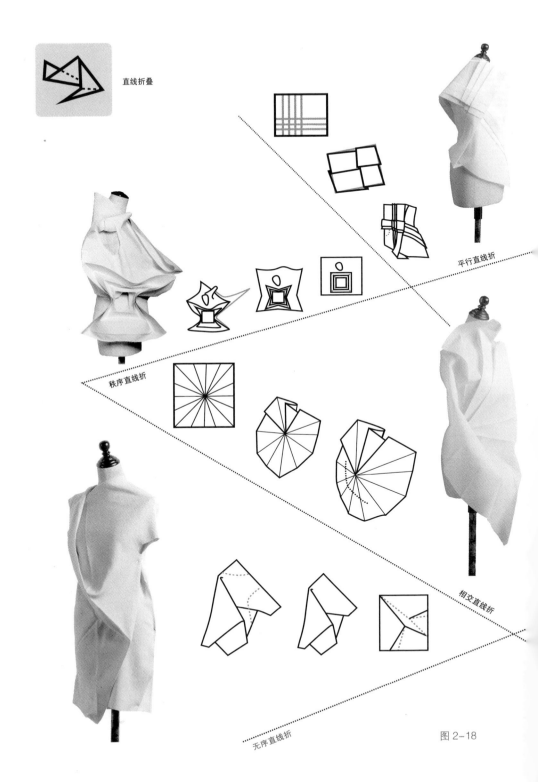

直线折叠

平行直线折

秩序直线折

相交直线折

无序直线折

图 2-18

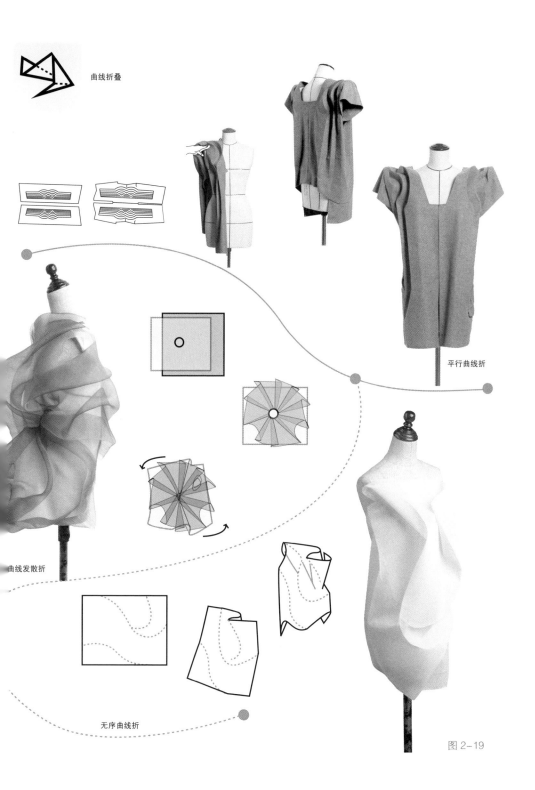

曲线折叠

平行曲线折

曲线发散折

无序曲线折

图 2-19

石子路、屋檐滴落的雨水都可概括理解为直线的轨迹，曲线也可作此理解。除了线之外，平行、相交同样适用于集合。将直线与曲线组合成一个集合，以它为单元作有秩序或无秩序的排列，折叠的造型可以变化万千、永无止境。

尝试折叠手法时，先从单纯的直线或曲线入手，我们可暂以纸张为代替物辅助增强对面料折叠的理解。折叠过程中，可以适当加入弯曲、扭曲、翻转、旋转等近似折叠的转折形式，也可以尝试调整折叠的幅度、序列、密度、强弱、刚柔等，感受叠出的效果与变形。然后练习组合折叠，并逐渐增加组合的复杂程度，由有秩序的折叠慢慢深入到无秩序折叠，最终形成完整的服装折叠造型的概念，而且能熟练地实现折叠设计。

面料折叠的结果是褶（图 2-20）。一般泛指折皱重复的部分和衣服折叠而形成的痕迹。褶的分类大体上有两种：无序褶、秩序褶。无序褶既包括抽褶等方式产生的自然碎褶，也包括将直线、曲线折痕随机排列的褶皱，具有随意性、多变性、丰富性和活泼性的特点。秩序褶强调规律性，通过有组织地排列表现秩序的动感特征。常见的秩序褶按照形态划分为排褶和放射褶，还有一种情况，某个组合单元经过排列后虽然不呈现成排或放射的视觉效果，但仍有一定秩序可循，这也涵盖在秩序褶之中。

除设计褶的形态之外，还可以选择褶的固定点来强化折叠的感官冲击。一般将固定不变的褶称为死褶（死褶也被狭隘地理解为省），反之则为活褶。死褶带来庄重、严肃的心理感受，并因其成棱的折痕具有硬挺、锐利的触感。活褶灵活多变，营造的是轻松、自由的氛围，能更好地表现人体的柔软。折叠时，可以有意识设计折痕的固定方式与固定路径，尝试死褶和活褶的组合或相互转化。

折叠一方面能构造肌理，另一方面又能从结构方面解决造型问题，随着材料、工艺等的不断完善，折叠会更加广泛地应用于服装造型设计。

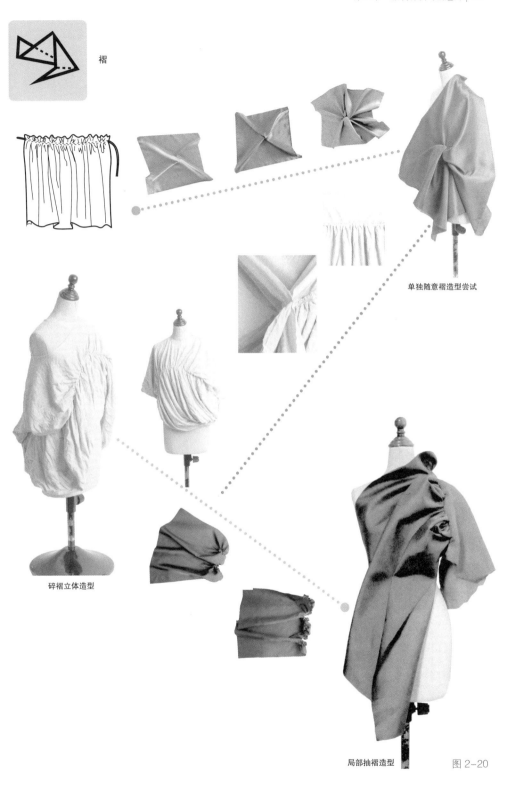

褶

单独随意褶造型尝试

碎褶立体造型

局部抽褶造型

图 2-20

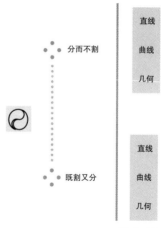

图 2-21

# 三、分割

分割是对服装造型中裁剪概念的升华。4 世纪以后的拜占庭服装，女子胸部多余的量被裁掉，渐渐显出身体的自然形态；男子的袖子则显著变窄以便于活动。这是从裁剪方法上使衣服合体的第一步。在随后的服装发展史中，裁剪的范围不断扩大、内涵不断充实，尤其到"哥特式时期"，"省"的出现彻底打开了裁剪视角，分割量变构造立体的思维逐步发展起来。

分割就是通过裁剪消解面料的整体性，从而丰富其造型可能性。它有意识地对面料进行划分，在设计完成的分割线基础上，利用切割从整体中分离出局部。分割线设计跟折叠中的折痕设计一样，都是直线与曲线的排列组合、秩序与无序的有机选择。

## 1. 分割线

面料分割方式有两种：分而不割、既割又分（图 2-21、图 2-22）。

分而不割（不完全分割）：同样沿着分割线切割，但不完全切断，使分割后的局部仍处于连接状态，保持其完整性。

既割又分（完全分割）：将面料沿着分割线彻底切断，使其产生独立的部分，从之前的整体划分出来。

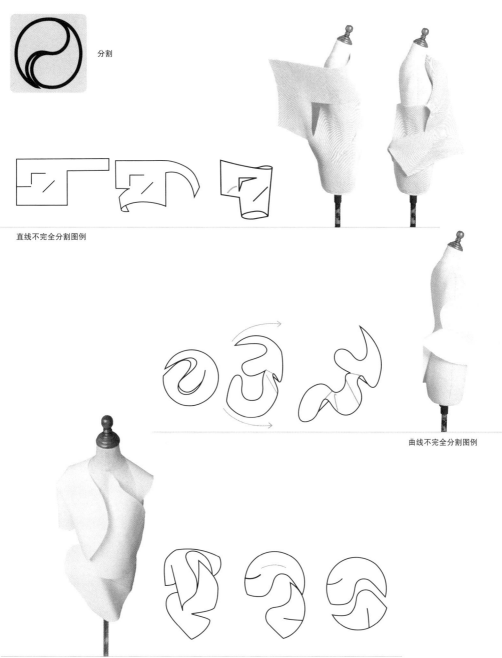

分割

直线不完全分割图例

曲线不完全分割图例

曲线完全分割图例

图2-22

尝试分割手法可以从两个角度出发：①根据人体进行分割，分为对称、不对称。人体对称性分割是以前中线、后中线为对称轴进行的分割，例如经典的三开身、四开身西服；人体不对称分割是对人体体表进行的随机分割，相当于将人体展开成不规则曲面进行的无对称轴分割。②根据面料进行分割，实际上是由平面构成的理念引发的分割轨迹设计。由于只受面料边缘形态的影响和限制，分割线的设计会更为自由。前者能顺应人体，使分割带有更多的结构性和功能性；后者则摆脱了人体固有形态的束缚，能让分割产生更多意想不到的空间效果。

## 2. 分割量的改变处理

除分割线以外，分割最大的意义是量的改变。在切口处进行的量变处理是实现立体的重要途径。完全分割的量变处理是通过分割线错位缝合实现的；不完全分割的量变处理则分为分割去量造型、分割加量造型。

（1）分割线错位缝合

面料完全分割后各布片位置不变，各分割线随意错位缝合。或者面料完全分割后，布片位置重新组合，随意缝合。

（2）分割去量造型

面料不完全分割后，在切口处去掉部分量，使去量后的切口缝合后产生立体造型。

（3）分割加量造型

面料不完全分割后，在切口处加入部分量，使加量后的切口缝合后产生立体造型。

分割手法的训练要以分割线练习为前提。在分割过程中可以对分割的局部做其他手法的变化，观察其中分割线形态、布片形态以及布面空间产生的改变也相当重要。

最后是分割量变的训练。作为分割的深层内涵，分割量变是连接平面与立体最直接的桥梁。操作时可由简单的规则量变往复杂的不规则量变递进，感受量变

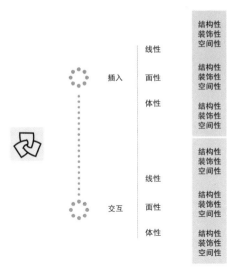

图 2-23

程度与立体构型的联系，把握它们相互影响的关系，并注重分割与人体的互动，以深刻对分割造型的理解。

## 四、穿插

穿插，意为互相错开、交叉。最早人们用面料包裹身体，将布随意地披在身体上交叉缠绕，这便是服装中最初始的穿插形式。后来编织手法的出现使穿插的内容丰实起来，但穿插的深层意义——实现空间的互通多变一直埋在服装造型设计深厚的土壤中。

穿插是创意立体裁剪系统中非常重要的方法。"穿"，通也；"插"强调的是加入、参与的动作。与分割对整体性的消解相比，穿插则在于塑造整体性，它将零散的点连接成一个完整的部分。利用穿插可以很好地将服装的两个甚至多个结构联系起来，同时也能把分散的面料局部集合成相互关联的整体。

按照基本性质，穿插可分为：线性穿插、面性穿插、体性穿插（图 2-23）。

（1）线性穿插

这里的线性不是指变量与自变量之间按比例、成直线的关系，而是指以线的性质、形式而存在的穿插关系。线性穿插只因穿插本体的位置和长度而呈现交叉形态，例如最简单的编织，虽然带子本身具有宽度，但它的宽度在编织过程中没有引起质的改变。线性穿插的结果是构成面，并且是局部交叉的面。这个面既可以是平面，也可以是曲面。

（2）面性穿插

面性穿插是目前形态变化最为丰富的穿插形式。绝大部分的服装是从面的理念开始的，不管是将人体简单划分为前面、后面，还是把人体看作复杂的曲面，其宗旨都是用布料去覆盖面。所以，面性穿插被广泛地应用在服装设计的领域。面性穿插是基于面而做的穿插动作，穿插本体没有厚度的概念，但它的位置、长度、宽度都决定性地影响动作质量。面性穿插塑造的是体的效果，尤其在面的基础上加入扭、转、旋等方位性变化会使穿插体的空间感多一层矛盾性，而这些动作本身又带来了褶、曲面、立体等多元化的造型，由此丰富了整个空间的层次（图2-24）。

（3）体性穿插

体之于面，是更为复杂的形态。体性穿插是针对立体而作的结构性改变，旨在形成体之间的结合与贯通。体是由面组成的，因而具有更多的穿插可能性。较之于面，体有了厚度的概念，在穿插时能对操作空间起到支撑作用。除此之外，体的扭曲、翻折、旋转等可以引起的形态变化是异常丰富而绚丽的，但体性穿插也是穿插手法中形式最灵活、最难被理解的。为此，我们可以把人体先简单分为上半身、下半身两个体，在此基础上再将两个体进行拆分与合并，这样人体与体性穿插便有了良好的融合方式。体性穿插构成的多体造型不仅是塑造矛盾空间最直接的方法，也是打破固有人体观念、实现视觉错觉的途径。

在服装造型设计的领域，穿插是扭曲空间而又形成新的空间平衡的手法。空间的平衡实际上就是力的平衡，力的来源就是除穿插本身外加在穿插体上的扭、旋等动作。在训练过程中，需要多尝试这些方位性变化和动作所引起的穿插结果和力学平衡的变化，学会集合线、面、体并组合空间，随心所欲地让它们互相连通，同时，感受空间的矛盾美和错觉美也是穿插的重要课题。

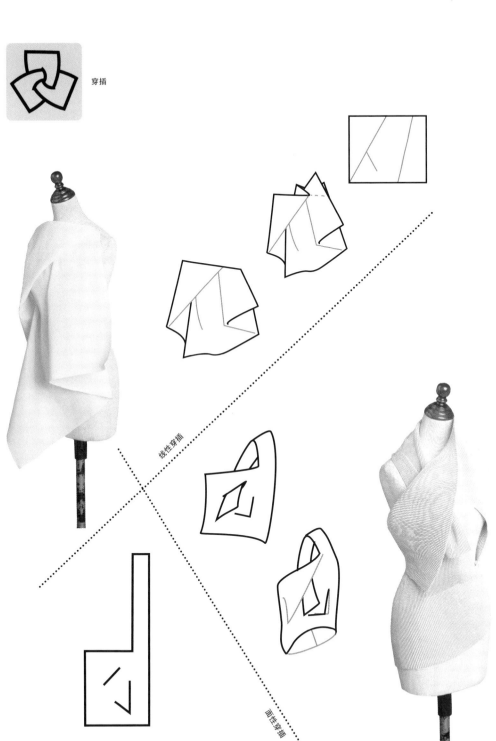

穿插

线性穿插

面性穿插

图 2-24

# 第三节　工艺是面料与造型的互动

　　服装与服用材料的发展同步而行。不同质地、厚度的面料，在表现结构线类同的服装样式时会产生截然不同的造型效果，表达出不一样的视觉语言。如何选择面料以及发掘面料带来的灵感？在创意立裁的体系中，依据对面料的不同感受，需要尝试使用多种手法，来构造相应的造型。

　　与造型手法相比，工艺是更为考究的技术，可理解为"艺术性的技术"。工艺的艺术性一方面体现在对于传统工艺的传承和发展，另一方面是对新型材料与新兴技术的合理利用。针对不同材质与造型，选择适当的工艺处理方式，能为最终的服装效果锦上添花。

　　面料是服装造型的载体，它承载着服装的造型效果，面料的特质影响着服装的成型质量，工艺则辅助实现面料与造型的调和，有时甚至决定了服装造型的成败。立裁的创意过程就是依据面料的厚度、挺度、重度、悬垂、弯曲、拉伸、弹性等物理感觉，通过与操作方法的交互协调，与制作工艺交互融合，延展人体的形态。这个过程的融合带动起服装的生机，引导设计者探索服装造型的多维可能性。

## 一、面料的肌理与工艺

创意立裁的工艺体系包括了对面料自身的工艺改造，以肌理变化为例。

材料肌理的变化可以称为服装设计的一个重要组成部分，它有自身的特点和个性，具备了与服装造型设计密不可分的一套运行机制。同时，它能为服装设计提供无穷变化的可能性。例如肌理变化中的"重复"，设计师可以从一个简单的个体进行重复组合，也可以从材质中元素的大小比例入手，重复组合；或是同一个方向的重复排列，使之具有某种韵律和节奏感。

创意立裁中强调对面料进行二次加工，除了在面料组合上下工夫以外，还可以通过以下方法挖掘面料本身的空间层次。

### 1. 浮雕法

通过纳褶纹、抽褶皱、系扎、熨烫等手段，将面料原本的外观变形，使其产生凹凸不平浮雕般的效果；还可以将海绵或棉花放在具有弹性的面料下，将其上施以花式缉绣，让面料产生浮雕感。

### 2. 层次法

对平整的面料采用折叠、并置、叠加、旋转、转向、起浪、覆盖卷曲等手段，使原本单一的面料出现层次。

### 3. 镂空法

在现有面料上用雕刻、撕裂、抽纱、抽穗、分离、位移等方法，使面料产生透孔效果，这种透孔效果可以采用有规律的四方连续花纹，也可以是改变面料原有外观的无规律撕出的裂纹式纹样。

### 4. 拼贴法

将视觉效果各不相同的面料，或正或反、倒顺的同一面拼缝在一起，都可以制造出一块风格独特的新颖面料。

## 二、面料的形态与工艺

不管采用什么手法，最终面料呈现出"合体成衣"的造型，通过对服装设计形式美法则的运用，从三维立体造型的角度训练，设计师可熟练运用各种材质，创造与材料相得益彰的造型形态。

### 1. 软体形态

软形自身很难定型，且视觉上缺少力度感，但若将其进行编织或依托硬性材质进行拉引，则能获得较强的造型空间，同时也能提升它的力度感。造型丰富的中国结、盘扣就是由软性线材编织、盘绕而成，传统纤维艺术所使用的材料大部分为软性线材。

蜘蛛以树枝、墙面或其他硬质材料为依托，将纤细的吐丝织成优雅、轻巧的蜘蛛网。应用蜘蛛网的构成原理，可以将"软弱"的线材依托硬材进行拉引，获得优美而紧张的曲面（图 2-25）。

软性线材的拉伸力大于其压缩力，拔河时可见一斑。若将此构成原理应用于设计中，则可节约许多材料，同时能够减轻设计物的重量和提升美感效能。

### 2. 硬性形态

硬线的不同形态与构成方式能产生不同的线框形态，将硬线构成的线框进行重复、渐变、密集等韵律构成，则形成丰富的视觉效果（图 2-26）。

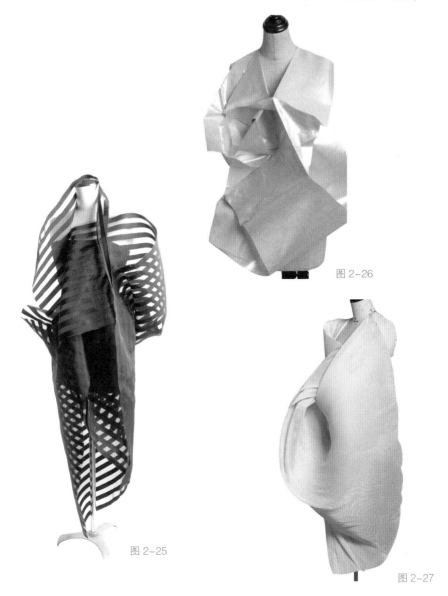

图 2-26

图 2-25

图 2-27

### 3. 线层构成

将硬线沿一定的方向轨迹，做有秩序的变化，以渐变为宜，否则容易凌乱。服装造型中的形态与一般概念的形状有着本质的区别，形状仅是形态的无数面向中一个面向的廓型，而形态则是由无数形状构成的一个综合体及相互关系（图2-27）。

在创意立裁体系中，对工艺的理解建立在面料与造型的互动之上，这本身是在培养"有机工艺"的新思维方式。

# 第三章
## 设计思维的实现

体会：立体裁剪中的互动

训练：造型与灵感元素的相互转化

# 第一节　以造型方法为进入点

## 一、直接造型

直接造型是指将面料直接放置在人台上参照人体结构线、结构点与面料形态进行造型。

直接造型主要利用材料的自然属性，如形状、肌理、自然边缘线，直接在人台上进行设计。造型手法以披挂为基础。其造型要点是：

①变换面料在人体上的着力点，尝试不同的披挂形式。

②对面料披挂形成的空间和余量做切展、折叠、缠绕、穿插等手法处理。

③抓住局部的设计亮点，把握整体的造型效果（图 3–1~ 图 3–6）。

图 3–1

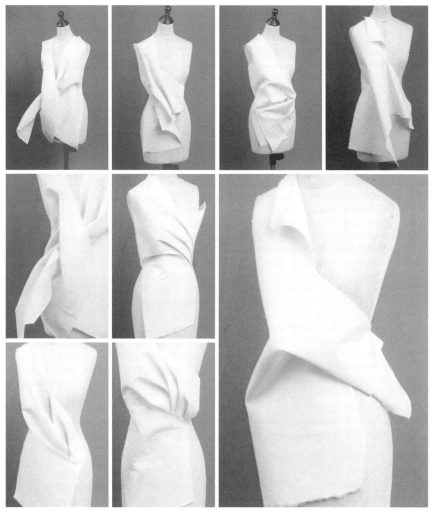

图 3-2

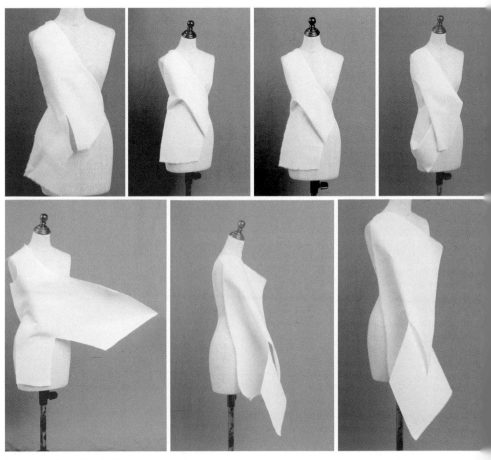

直接将布片挂在人台肩部，同时依据人台结构粗裁
轮廓线，留出并转动前中带余量布片

图 3-3

尝试折叠手法直接将多余的布量塑造人体胸腰部位

图 3-4

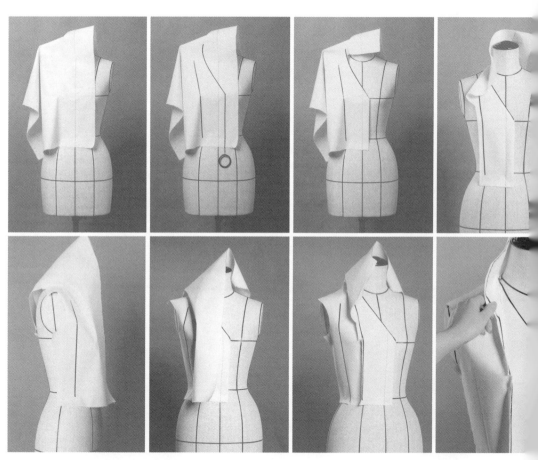

直接造型：参照人台上的公主线，直接将布片贴合
人台并标示出结构线

图3-5

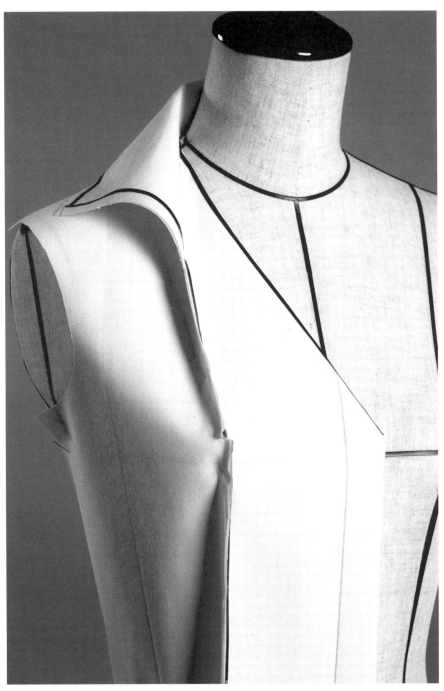

直接造型：将两片对合起来的余量直接进行领子的
造型尝试

图 3-6

## 二、间接造型

间接造型是指先构造出设计的平台，比如从具体的服装常规结构开始展开造型变化，事先在布料上进行简单的处理，然后再立足于人台之上进行设计。

### 1. 从服装形象出发

从服装形象出发指的是依照具体的服装款式、类别、局部特征，打破原有的结构线、造型线，重做造型。

选取某个具体的服装款式或类别，对其进行结构上的重新规划与设计。利用创新的结构线或造型线作指引，使立体裁剪有据可循。这是从服装的外轮廓开始，一点点深入到内部结构，经由立裁调整并完善设计的造型方法。另外，也可以由人体结构点或者服装某个局部出发，逐步加入设计细节、拓展空间。

从具体的服装款式、类别、局部出发，打破结构线、造型线，再做造型（图3-7~图3-10）。

### 2. 从面料形态出发

从面料形态出发是指在面料上先构造面料的简单形态，再将其置于人台上开始塑形。重塑面料的形态有以下方式：改变面料的边缘线，即外轮廓线；改造面料的肌理；对面料进行结构设计。改变面料的边缘线使立体裁剪能更好地把握服装轮廓。将面料边缘选择性缝合也可以形成意想不到的空间效果，为设计师带来充裕的灵感。肌理常与质感联系在一起，它是造型品质的重要保障。立裁过程中，改造面料肌理既可以强化理念的阐述、充实造型内容，又可以刺激设计者的视觉和触感。面料的结构设计是指对面料做分割、折叠等处理，使面料置于人台上之前本身具有结构。这些结构在人体上展示的形态会对造型起到有效的引导作用。

在面料上先构造简单形态，再将其置于人台上开始塑型（图3–11~图3–13）。

重塑面料的形态有以下方式：①改变面料的边缘线，即外轮廓线。②改造面料的肌理。③对面料进行结构设计。改变面料的边缘线使立体裁剪时能更好把握服装轮廓。将面料边缘选择性缝合也可以形成意想不到的空间效果，为设计师带来充裕的灵感。肌理常与质感联系在一起，它是造型品质的重要保障。改造面料肌理在"立裁"过程中一方面强化理念的阐述、丰实了造型内容，另一方面刺激设计者的视觉和触感。面料的结构设计是指对面料做分割、折叠等处理，使面料置于人台上之前本身具有结构。这些结构在人体上展示的形态会对造型起到有效的引导作用。

间接造型过程中注意的要点：

① 尽可能利用已有的材料资源，加以合适造型的设计。

② 多做与人台匹配的尝试，比较不同造型方式产生的效果。

③ 见形仿作，不放过任何延伸设计的细节。

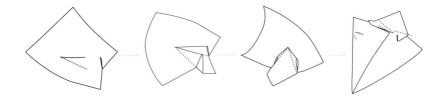

**间接造型：先在面料上做省道处理**　　　　　　　　　　　　　　　　　　图 3-7

间接造型：再放置人台做相匹配的造型实验　　　　　　　　　　　　　　　图 3-8

间接造型：依据某形态的启示仿作

图 3-9

**从褶裥创意到立裁创意过程的示意图**

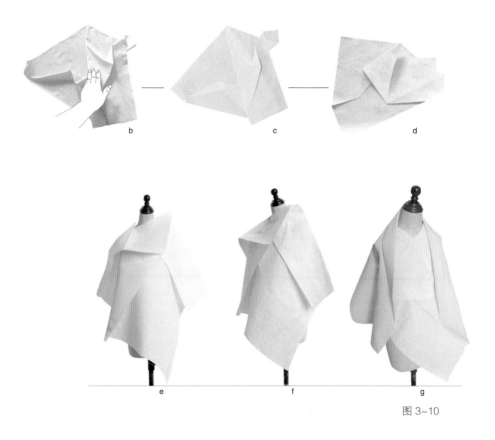

图 3-10

a. 在布料的背面用针线固定一个三角形区域

b. 把布翻到正面用手调顺褶裥形态

c. 用熨斗固定褶裥形态

d. 背面褶裥也一起熨烫

e. 间接造型：褶裥处理后再放到人台上造型

f. 观察各个部位与角度的形态

g. 最后抓住衣领、门襟的穿插效果完善款式

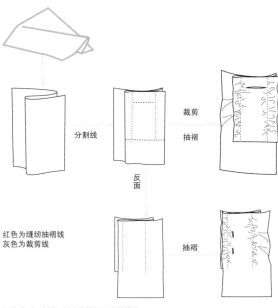

裁剪

抽褶

分割线

反面

红色为缝纫抽褶线
灰色为裁剪线

抽褶

间接造型：在针织料上做抽褶工艺的操作

图 3-11

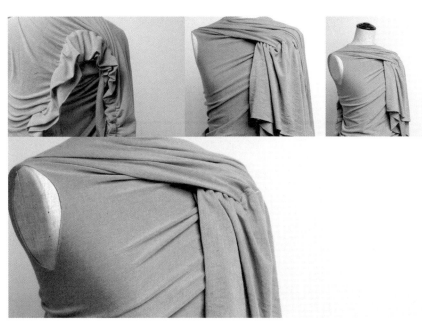

间接造型：将抽褶后的布体套置人台上依据款式造型挖领口与袖窿

图 3-12

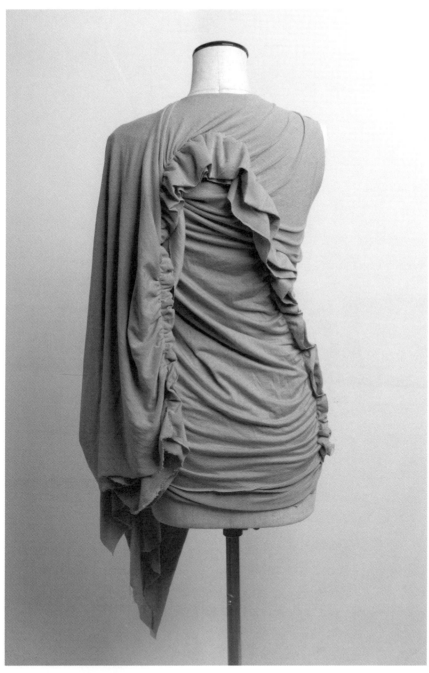

间接造型：继续完善款式的细部结构

图 3-13

# 第二节　灵感元素的提炼

元素是原点，是一切可能性的起点。由元素引发灵感的服装设计，是对灵感元素特征的概括、提炼和重现。

如果以树叶为灵感源，最容易引起人们关注的可能是叶子的形状和大小，再有是颜色，然后我们开始感知它的薄厚、表面的肌理和质感，还有叶脉的纹路等。接着我们会更细致地观察叶片边缘是否有锯齿、叶柄与叶片所成的比例、叶片表面细微的色彩构成；甚至还可以联想到树叶的形象，其光合作用可代表舒适惬意的生活方式，为人遮阴是无私奉献的精神，衬托红花则显示了其淡泊名利、从容大度的品质。在这个例子中，任何点都可以作为树叶的元素特征运用到服装中去。

灵感元素经常以"元素类似性"引发人们的联想，也就是以一个元素点出发，经过有意识的或无意识的扩展联想到其他相类似的事物，一个元素可以从其外部形状、材料的质感，内部的结构、性质等角度进行与服装结合的联想。例如，一个纸扇的外部形状可以让人想到类似的事物：百叶窗、风琴、楼梯、芭蕉树叶、蕾丝花边、太阳发光、鸟的尾巴、盘子、水果、窗帘、发型、眼影等。

投射到服装中具体讲，从纸扇想到了与其类似的百叶窗，然后可能想到百褶裙；想到风琴，会想到各种有规律的褶裥；想到楼梯，还可能会想到廓型有棱有角的太空装；想到鸟类的尾巴，又可能会想到服装中常会出现的扇形结构；想到盘子，于服装可以结合它的那种摆放层次来进行分割设计；想到规则排列的水果刀切片，与服装的知识对接后会联想到层次感，犹如鱼鳞片的那种起伏状态；想到垂至地面的窗帘，很容易让人又想到悬垂性极佳的带有褶皱的服装；想到发型，也许可以让人联想到服装中那些有条理的编结的设计；想到丰富线条的眼影，对应服装的领域，则可能会想到一些晕染或渐变的设计（图3-14）。使用元素类似性的联想方法，有利于我们提取元素的精炼成分进行造型设计。

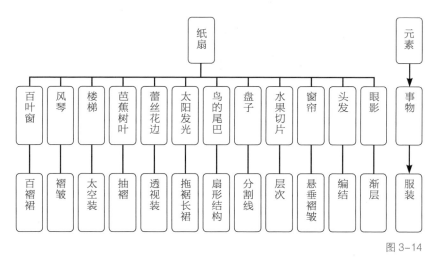

图 3-14

## 一、元素概括方法

元素特征概括有结构概括、色彩概括、纹理概括、内涵概括四大类。

### 1. 结构概括

由灵感源的形状、构造、比例关系等一切与"形"相关的特点延展出来的设计都属于结构概括。最常见的结构概括就是仿形，即模仿灵感源的形状或结构等。

亦可将原本的构造异化，用扭曲变形或抽象线条精简等手法可实现更深刻的结构概括。仿生学是对自然结构的最好研究和利用。除了针对单个结构做变化之外，还能将其量化，通过排列组合产生全新的结构。

### 2. 色彩概括

显而易见，色彩概括指对灵感源颜色的捕捉。大自然是最伟大的调色师，它将所有色彩倾尽于天地之间。概括色彩首先是对色彩选择性地提取。在光的照射下，色彩的丰富程度不仅超出肉眼可视范围，而且还是可变的；其次并不需要把某一事物的所有颜色完全展露无疑，留有余地才更有想象的空间。

### 3. 纹理概括

纹理是图纹和肌理的总称。对自然界事物纹理的观察一方面是获取图案信息，另一方面是采集肌理效果。植物、动物均是绝佳的纹理素材库，花、昆虫常被用作提升服装设计感的纹理元素，而诸如纤维、果实或蛇、鳄鱼的表皮质感就更是众多设计师的灵感尤物了。纹理概括能有效地传递灵感元素的性格色彩，比如豹纹象征着狂野奔放。纹理的利用同时还能加强触觉，刺激和视觉之外的心理感受。

### 4. 内涵概括

元素内涵概括是适用面最广的元素特征概括，也最凸显设计师的个人思考能力。对同一事物，我们都有自己别于他者的内涵评定，所以内涵概括的主观性很强。具象灵感源的内涵可以由大众或个体对其社会形象的认知或期望而论，例如河流既让人想到平静柔软的内心却又似乎牵系污浊不堪的现实。抽象灵感源的内涵主要体现在设计师的私人感受、思考和想借此传达的概念中。

## 二、元素提炼发散

元素概念的提取是对元素特征进行提炼。从概括的结构、色彩、纹理或者内涵中，我们选择出最能打动自己的部分作为服装设计的刺激点，并在此基础上发散衍变出全新的灵感素材。概念提取不只针对单一元素，也同样适用于多个元素，发现它们的关联或者共通点，以服装为桥梁搭建起元素间的共同平台，也是有趣的概念表达形式。

元素的发散是对元素特征的联想。以红色为例，它是博爱也是战争，是端庄也是诱惑，是愉悦也是危险，是平等也是暴烈，是狂野也是警戒，是生命亦是死亡。红色的每一个角色都是信号，让我们理解并去释放情绪。当然这是从内涵层次进行的发散。造型上的发散主要包括分解组合、轮廓变形、抽象描述三种方法。分解组合指的是将元素分解并重新组合，如解构纹理。

## 三、元素的几何式拓展

几何是一种建立在具象基础上的抽象元素表达。

世界上的万物基本上都可以概括归纳为某种几何形体，而我们进行的元素设计，更加可以将使用的元素进行概括与总结。在这个基础上进行发散变化，经过大量的实验论证下，将元素归纳为几何形后，可通过重复进行发散、变形发散、分割发散、缩放发散都是将其进行类似细胞分裂态势的创造方法。

几何式拓展是对服装造型最生动的设计（图 3-15~ 图 3-19）。要研究以几何为基础的形态的派生与发展，首先必须了解几何的可变化要素。不同几何类别会有不同的几何要素，但根本要素可以概括为：边元素、角元素、面元素。

（1）边元素

边元素是指边缘线性特征的变化。线性特征与线的长短、曲度相关，对线段的分割、调整线段时间的比例也能使边发生变化。

（2）角元素

角的变化以两边夹角德尔度数为变化单位。在造型过程中，提前计算好变化角度能使形变更有主动性，更有精确度。

（3）面元素

面的变化是更多元的变化，从单到复、从平面到立体的变化都能引起形状、空间位置、组合形式等造型上的可变化。几何要素是形态最基本的变化单位，但除此之外，还有更多的变化形式可以用来丰富造型效果。

## 四、审美法则

应用于服装领域的元素设计看似没有界限，实则仍需遵循一定的设计法则。设计的美分为内容美和形式美。内容美是设计主题、思想以及设计师在其中对生活的陈述等，这是综合表现出来的美学特征。形式美是服装外观形式的美。变化与统一是形式美的总法则，是对立统一规律的应用，更是服装设计中最基本的形式法则。变化是差异性的表现，目的在于造成视觉上的跳跃。统一则强调一致性，着重于各组成要素之间的内在联系。服装设计元素的变化与统一。表现为以下几种关系。

### 1. 重复与交错

将线条、肌理、色彩等元素提炼出来后进行排列。重复使设计产生安定、整齐、规律的统一，但易显得呆板、平淡、缺乏趣味性，但"重复"如果与"交错"

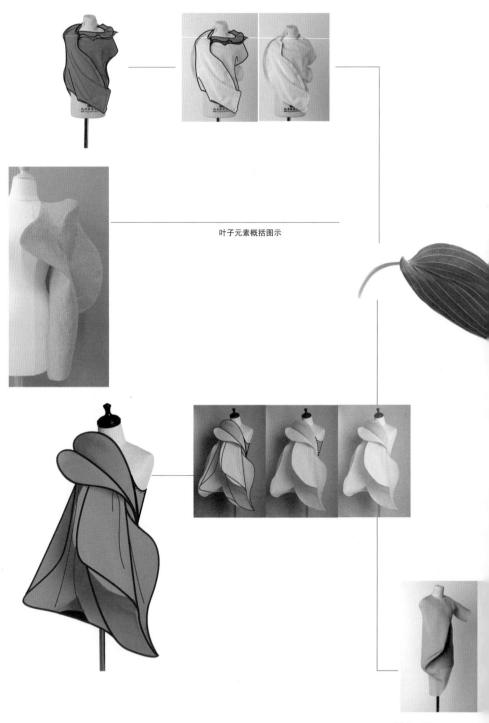

叶子元素概括图示

图 3-15

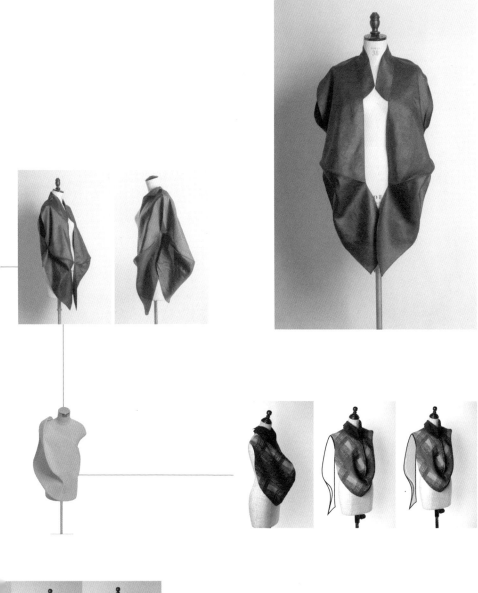

图 3-16

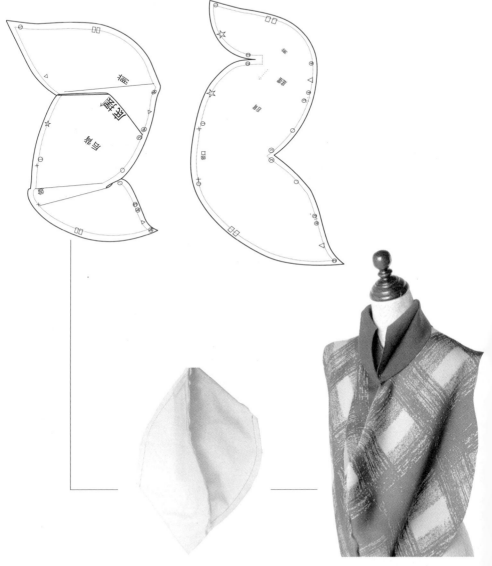

图 3-17

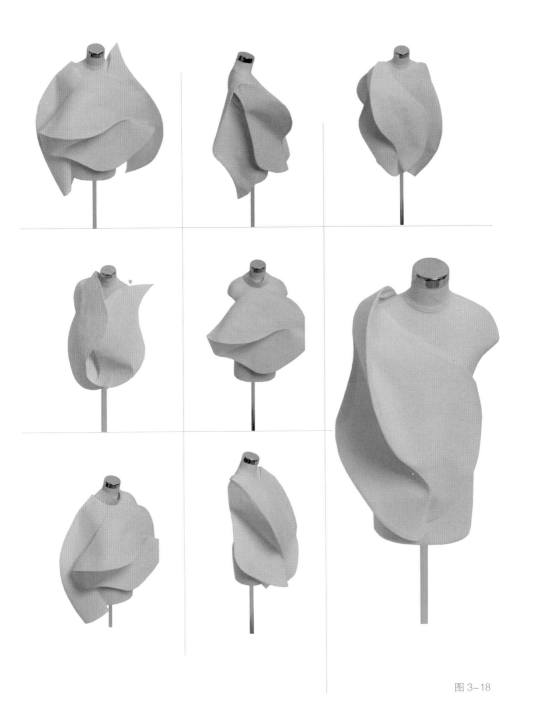

图 3-18

图 3-19

配合却可形成节奏与韵律，歌德有言"美丽属于韵律"。韵律是不同元素组合而成的统一的律动。韵律是服装情调的流露，能强化设计的感染力和表现力。韵律已渗透到服装设计的每个角落。节奏是指元素按照一定的条理秩序地排列，形成一种律动形式。重复与交错形成了渐变、大小、长短，明暗、形状等充满韵律与节奏的变化。

### 2. 对比与调和

对比的因素存在于相同或相异的性质之间，是把相对的两要素互相比较从而显示主从关系和统一变化的效果。调和是指使两者或两者以上的要素相互具有共性，是近似性的强调和统一性的体现。在元素设计中，对比与调和是相辅相成的。各元素的共性与差异性在服装造型中既制造矛盾，同时又散发着生动而活泼的和谐之美。

### 3. 比例与平衡

比例是指形的整体与部分以及部分与部分之间数量的一种比率。它用几何语言和数比词汇表现着抽象艺术。最完美的黄金分割具有严格的比例性、艺术性、和谐性，蕴藏着丰富的美学价值，并使被分割的不同部分均能产生相互联系。平衡是包括形、色彩、质感等在内的视觉心理感受。把握灵感元素在服装上应用的比例能提供良好的造型平衡，更能产生持久耐看的美。

### 4. 变异与秩序

变异是规律的突破，是一种在整体效果中的局部突变。元素变异常作为设计含义的延伸或转折的起点。通过对大小、形状、比例等进行设计，原有的灵感元素不断发散衍变最终造就了服装的异化。秩序美则是美的组织编排，体现着逻辑性和条理性。在服装的秩序美中融入变异构成能让规则产生活动的效果。

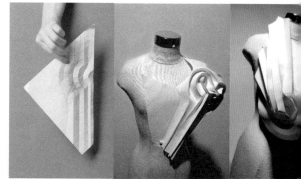

# 第三节　元素造型的实践

## 一、建筑元素造型

建筑物上的造型结构常常唤起我们对服装造型的设计灵感。从古罗马的爱奥尼亚柱头上提炼卷涡结构造型特点为例（图3–20），尝试在纸上勾勒、折叠有秩序的弧线和直线，将有折痕的纸弯曲使之形成半立体的造型后，放置人台胸部，由于人体由复合曲面构成，所以依据人体不同部位的体表角度与造型需要，调整折痕高度与弯曲的力度。用大于衣长与衣肥的长方形坯布，按照试验的折线形状与折面的宽窄，在坯布的背面粘上可塑性很强的树脂衬，注意折痕的地方留出一条1~2毫米的空隙（图3–21），粘好树脂衬后放置在人台上进行胸、腰、肩等部位的造型（图3–22），同样的方法用在服装面料上进行。为了配合肩部与衣身造型上的筑式效果进行袖子、领子等其他部位造型。

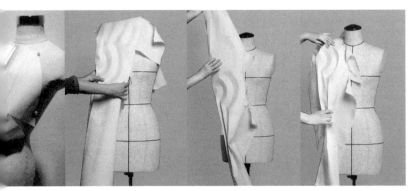

图 3-20

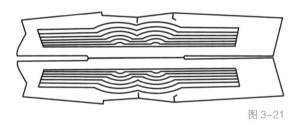

图 3-21

图 3-22

图 3-23

## 二、折纸元素造型

平面折纸造型元素启发造型设计的方法对训练思维的拓展非常有效（图 3-23）。折纸的时候，可以将折叠部分的造型展开，放置到人台上，再根据折叠量创造新的动态造型。

以折纸手法为灵感的造型手法最重要的是要把握面料的量。在裁剪面料时需预留出一定的折叠量，使面料折叠后并不会影响人体活动的需求。在关节部位的折叠造型，还能根据关节的活动引起造型的伸展变化。抓住服装局部折叠的设计点，可使服装整体形态拥有变换空间（图 3-24~ 图 3-31）。

步骤过程：

① 在预计的衣长和衣宽基础上分别加量 60cm（每个褶 30cm 计算）。

② 设计折叠展开造型的具体部位，绘出折痕位置并标记好折叠量。

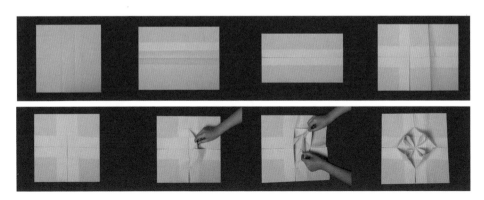

图 3-24

③ 按照折痕做垂直交叉的对褶叠合，并将每个褶用针线局部固定5cm左右（图3-24）。

④ 将设计好的折叠造型绘制成平面板添加到基础的衣身原型中，进行简单的平面裁剪和缝合。

⑤ 将半成品放置于人台上在预设造型部位效仿之前尝试的折叠造型，层叠展开的过程中选取适合的造型状态，调整整体的服装造型（图3-25）。

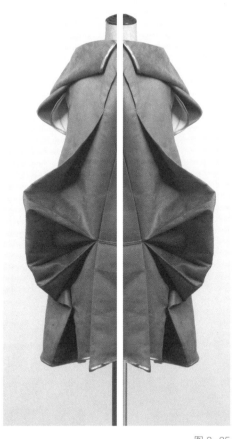

图 3-25

折叠裤子与人台的互动引发服装灵感

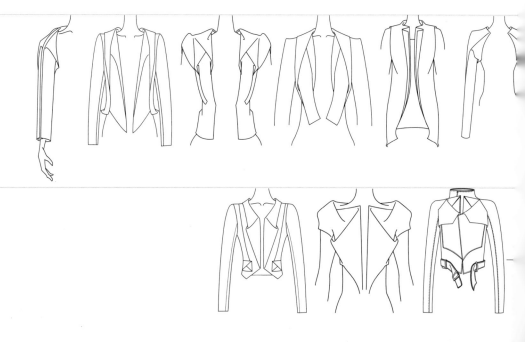

袖山、袖子的局部发散

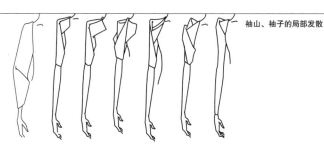

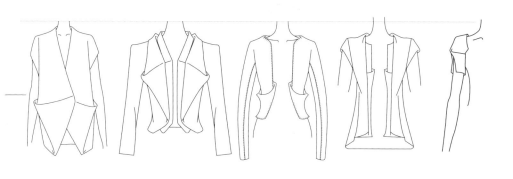

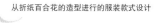

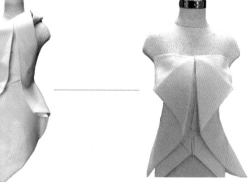

从折纸百合花的造型进行的服装款式设计

折叠鱼的过程中引发衣身 、领子、袖子等部位的款式设计

童年玩耍的小裤子、百合花、小金鱼都可以用来做折叠元素造型的实践

图 3-26

图 3-27

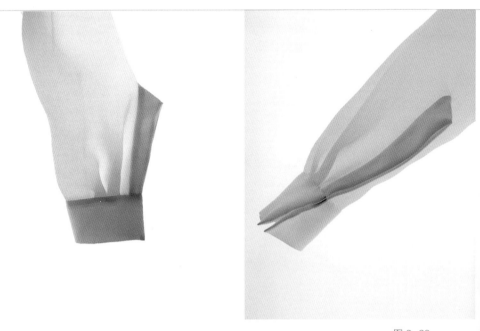

图 3-28

衬衫袖口开口处的折叠尝试

图 3-29

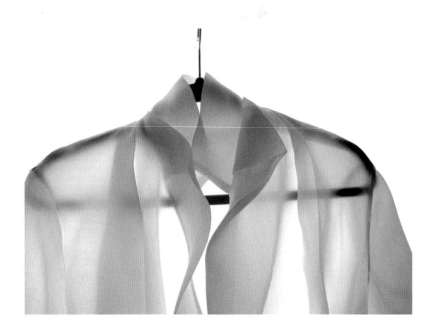

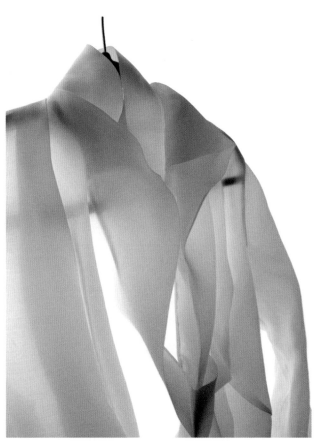

折叠将衬衫衣领、门襟的层次丰富了

图 3-30

门襟与口袋、腰部折叠在一起

图 3-31

# 第四章

# 从二维开始的造型

研究二维：拓展平面造型思维

塑造半立体：完成向立体的过渡

平面中增加的空间概念

从平面到平面裁剪

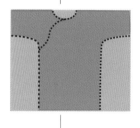

平面样板及缝合方式

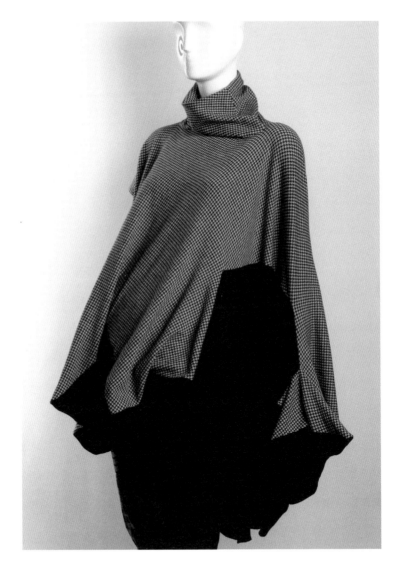

# 第一节 二维概述

## 一、感知二维

二维是由长度与宽度构成的平面或面积。

在数学和物理学研究中，一维过于简单，而三维过于复杂，二维的"平原"刚好让研究者能在相对简单和易于理解的"平面空间"里开始探索，为更为复杂的"三维形态"的研究铺垫基础。这时，二维只是一种过渡形式。这种向三维过渡的研究过程，同样适用于服装设计。人们常用传统的平面裁剪来定义"二维服装"，因为服装成型后仍呈现出明显的平面感。但在服装种类丰富、设计更加多元化的当今天，单纯用二维和三维划分服装，已经变成一件非常棘手的事情。服装本身就是由平面到立体的转化过程，所以将创意立体裁剪看作分别由二维和三维开始造型的过程不仅能提供清晰的思路，更让设计结果能无限发散。

## 二、从二维开始的造型

从二维开始的服装造型有两个含义，它既指以面料为开端的服装设计，又指依据基础和经典款式的服装板型而进行的造型设计。

从面料开始的造型意味着对面料边缘线的设计，对面料上图案、花纹、肌理等的设计，以及对面料进行的结构性设计。依据板型的设计是以基础样板或经典款式的板型为基础的设计，包括样板的分割与拼接、不同款式板型的搭配与组合、板型上量的增减等。板型具有较强的逻辑性，与经典服装结构的密切联系，通过板型的有序变化，使设计者在服装结构的嬗变过程中拥有更加清晰、持久、高效的创新意识。

从"立裁"的角度看，服装的造型设计是以人体形态为中心的三维造型设计。同时，如何超越人体的不变性，进而接近或进入自由、丰富的创新境界，是每一位设计师的心愿。这需要设计师对服装已有的"经典结构"进行全新的审视，回归到服装创意的始点。

## 三、研究平面造型的意义

从二维入手的服装造型，成为"造型研究"的基础。平面是立体的构成部分，平面造型常常是立体造型"初始形态"。对平面空间的深刻理解有利于形成良好的空间概念，它能让设计师在人体上进行空间设计时会更加得心应手、游刃有余。人们通常是从平面制图或基础纸样着手进行结构设计的，所以以平面为起点的研究，不仅能利用二维的基础性，使设计者从一开始就有章可循；而且还能发挥设计者的制板功底，让平面的无限性带给设计者更多的服装设计思路。通过下面的实例和过程分析，我们可以清楚地看到在服装设计中，二维空间的创意研究所具有的特殊意义。

# 第二节 平面造型的方法

追溯人类文明早期的服装，它们大多是针对面料自身的形态，比如大小、边缘形态等，展开各种变化，使服装与人体结合，以便产生更好的着装效果。这个阶段的服装往往呈现的是自然的、非成型形态的视觉造型。它们随顺人体勾勒出流动的线条，形成开放的空间。

本节的重点就是通过变化面料自身的形式，实现面料与人体的形态互动，让平面造型展示更充裕的创意空间。

## 一、依据面料形态自然造型

### 1. 构造基础裁片的边缘线形态

依据面料形态自然造型的第一步是构造基础裁片的边缘线形态。基础裁片是作为引导，以避免设计者在立体裁剪过程中毫无头绪。基础裁片的边缘形态分为规则和不规则两大类，最基本的规则形态有○、△、□三种。然后在基础裁片上设定轨迹进行简单处理，例如分割、折叠、穿插、旋转、扭曲等（图4-1）。

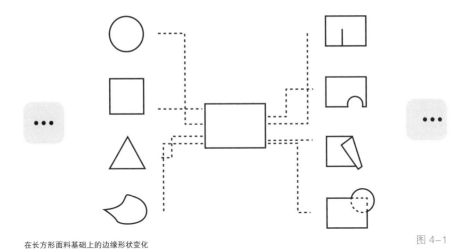

在长方形面料基础上的边缘形状变化

图 4-1

## 2. 变化形态

这个过程属于间接造型与直接造型结合的一类，将简单处理过的裁片披挂到人台上，在不同的人体着力点、不同的服装结构局部，依据动态视觉效果运用穿插、旋转等造型手法塑造形态。塑形过程中可以尝试加入人体动态的因素，为静止的服装造型增添韵律（图4-2）。

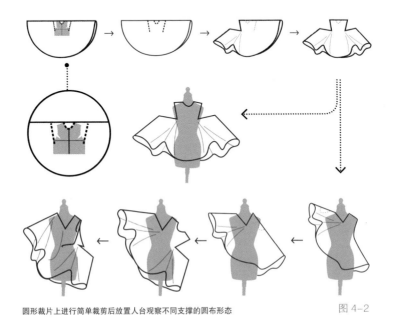

圆形裁片上进行简单裁剪后放置人台观察不同支撑的圆布形态

图 4-2

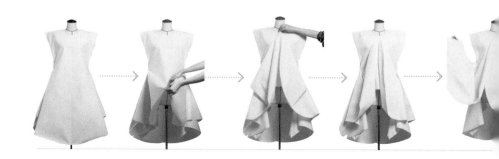

（1）圆布造型

使用一块边缘形态为正圆的布料造型时，可以利用它对称的性质以及弧线的边缘形态，将面积足够覆盖人体的圆形布对照衣身大小，标记出肩宽和领围；然后根据肩部标识以及估量的袖窿深开口；在按标记开领口的同时，也可以利用已剪开的袖口部分来调整布料在人台上的位置。

步骤过程：

① 将已经裁出袖口和领口的圆布披挂到人台上，以前中心线为对称轴，提拉前衣身两侧的底摆布料至前颈点固定。

② 依次将两侧和后衣身的底摆布料作提拉固定处理，使垂荡无序的布料呈现出层次关系分明的造型效果（图4–3、图4–4）。

（2）方布造型

利用面料自然边缘形态不一定需要比照衣身原型纸样。在利用方布造型时，随意地挖两个孔也能塑造出形态优美的服装款式。如果想使打开的孔洞作为袖窿，

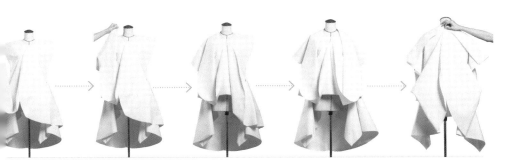

图 4-3

图 4-4

可以在面料较为居中处以肩宽（女体 38cm 左右）来确定具体位置。袖窿的形状随机可变，以足够袖肥量为原则。

步骤过程：

① 在具有悬垂性的长方形布料中，以背宽距离挖两个类圆形孔（图 4-5）。

② 先以两圆孔为袖窿披挂于人台上做造型变化（图 4-6）。

③ 然后再以一个圆孔为领口的造型变化（图 4-7）。

④ 将衣片飘荡的余量叠合造型。

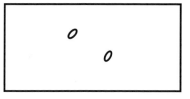

图 4-5

图 4-6

图 4-7

## 二、依据面料元素自然造型

### 1. 提取面料中的灵感元素

依据面料元素进行的造型设计是为了充分发掘面料的可塑造元素，使面料的特性在造型过程中被充分地释放出来，以丰实其造型效果。面料通常可以从色彩、图案、纹样、肌理等角度提取灵感元素，然后根据设计需求选择需要着重表现的元素，用适当的方式展示出来。

面料组合也是表达面料特色的另一种有效方法，将不同的面料叠加、拼接起来，或者通过镶嵌、穿插等手法可以对比出面料的差异性，使它们各自的元素能量得以更充分的释放。

### 2. 提取面料中的平面构成元素

在服装造型中，加入更多视觉美的元素，也是一种平面造型手段。中国古代服饰以及很多少数民族的服饰都很擅长在服装上进行这种平面设计。他们用刺绣、拼花等工艺把图纹装点在面料上，结合服装款式构造出完美的装饰效果。"衣服如画"就是服装平面设计的功劳。服装造型中的平面设计是一种意识，强调从最基本的平面构成开始关注服装美感塑造，其步骤大致分三步：

第一步：结合条纹面料特点，构造基础裁片边缘形态（图4-8）。

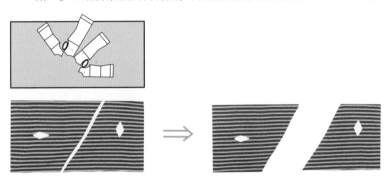

图 4-8

　　第二步：根据面料本身的元素特征，建立平面设计的轨迹感赋予裁片可移动的条件。

　　第三步：将已被简单处理的裁片放置在人台上，以肩点为圆心旋转布片，在旋转的过程中观察两片条纹的组合（图4-9）。

图4-9

　　其中，边缘形态的确定有利于对整体布局有较好地把握，更利于构造比例关系，权衡色彩、图案、肌理的运用程度；然后既可以提取面料的元素，也可以在面料上添加诸如染色、印花、绣片等造型，使面料具有一定的美感；接下来将面料置于人台上进行立体裁剪，裁剪时注意把握面料上图案、花纹等的位置，与服装局部结构或人体结构结合起来，能产生富于层次的服装效果。

　　当然，服装平面构成设计的程序不是一成不变的，设计者可以根据自己的习惯或实际操作时的情况适当地做调整。我们强调的并不仅仅是一个精美的结果，而是更关注思维和善于发散思维的能力。

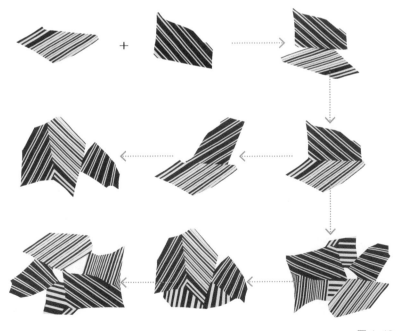

图4-10

（1）改变面料的边缘元素造型。

以不同的条纹代表不同面料。将两块边缘呈自然形态的面料随机地组合在一起，其整体边缘根据组合方式的不同产生不同形态。逐步加入多块面料，变化组合形态（图4–10）。

步骤过程：

① 选择某种拼合方式，将拼合完成的布料置于人台上（图4–11）。

② 利用面料的条纹元素以及边缘形态线，结合人体的支撑作用，观察各造型元素的协调，把握其共同营造的视觉效果。

图4–11

（2）面料自由分割造型

在一块具有造型元素的二维面料上增加各种方式的分割线，无疑也增加了边元素创造更多形态的机会。在规则的面料中元素经过分割之后在人台上变化成新的装饰语言，如果尝试选择条纹或格纹面料，可以更容易碰撞出造型设计灵感，适用于新手。

步骤过程：

① 取一长方形或正方形的条纹或格纹面料，从一边开始进行折线型分割（图4-12）。

② 披挂于人台，分割产生的边元素以服装门襟的形式呈现出来。调整门襟形态，将其翻转后的纯色面料反面与正面条纹作对比，塑造出类似大翻领的款式效果。

③ 随之继续变化面料，可能催生出更多的款式变化（图4-13）。

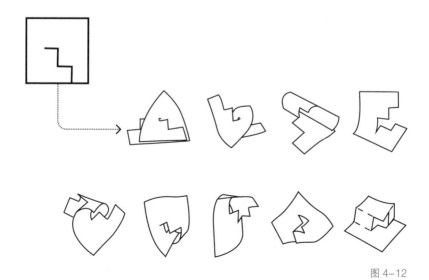

图 4-12

图 4-13

# 第三节　基础板型与几何形的互变异构

基础板型是指基础服装样板，包括原型和一些经典款式的板型。它们大多有完整的理论和实践基础，便于我们用作款式的变形，以完成全新服装造型的塑造。平面几何形是形的基本，几何式的造型思维能够打开服装设计的空间，使造型不再拘泥于传统和经典。基础板型和几何图形的互变异构能实现经典与创新造型的相互转化，不论是夸张的造型还是正规的服装都可以通过基础板型和几何图形的融合来完成。

## 一、依据服装基础板型的造型变化

### 1. 在经典服装款式外廓形基础上的局部结构变化

对服装板型的改造方案之一是改变服装的外廓型，在此基础上，可以逐步深入到服装的内部结构。初步训练时的步骤有三种：第一种，直接在板型上修改轮廓线、进行转省处理等，然后再放在人台上进行造型的修缮；第二种，运用基础服装板型，将裁片置于人台上，在具体服装款式的造型基础上进行局部结构变化；第三种，在基础板型上直接变化分割、拼接。经这样改造后，服装往往具有明显的款式特征但又别具一格，趣味十足。

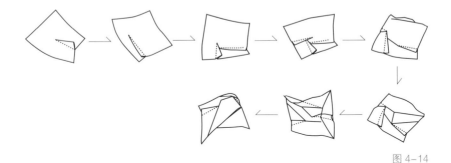

图 4-14

（1）省的设计

省的设计通常以满足人体结构需求同时又兼具装饰效果为原则。常规手法是根据局部结构先设计省，待整体造型完成后，再作省的转移变化。省的构造有多种方式：缝合、折叠、局部固定等。在设计过程中，综合多类省的形式进行组合变化能丰富服装的造型（图 4-14~ 图 4-16）。

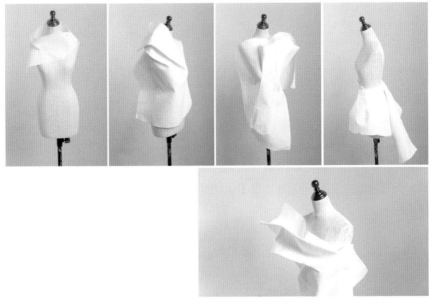

图 4-15

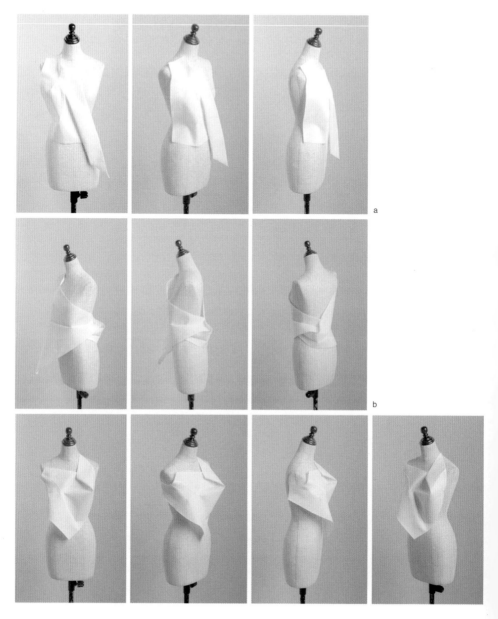

a

b

a. 在一块布上用两个省道形成的领口和前中部位的造型

b. 一块布上用两个省道组合后腰部的造型。

c. 直接用两个省道进行的胸部与领口的造型

d. 在一块布上用一个省道的设计所形成的衣片造型。

e. 用收省道的设计，将腰与胸的造型凸显。

f. 在一块布上用收省的方法，塑造了领口的立体空间效果。

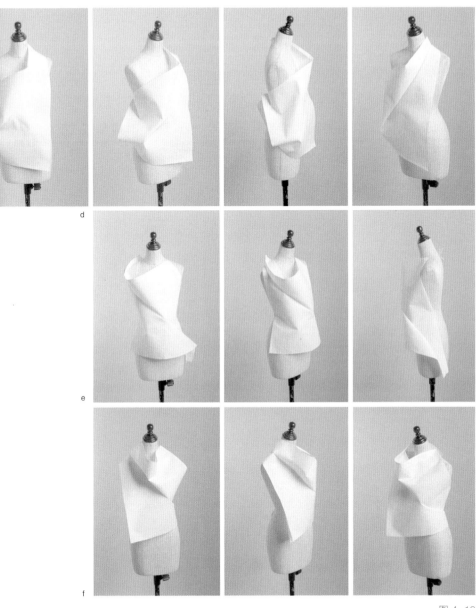

d

e

f

图 4-16

（2）局部结构设计

在腰部用折叠的手法处理掉多余的量，代替常见的腰省，使服装整体款式既能保证收腰效果，又拥有新颖的局部结构。造型时，可以根据具体的人体局部特征设计不同的结构，合理利用各种手法、注重省的形态变化和转移是操作过程中的重点和难点（图4-17、图4-18）。

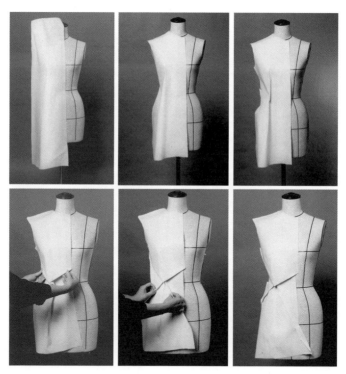

图4-17

a. 将一块坯布披在人台上并在胸部留有充分的余量

b. 依据人台剪裁领口、肩线

c. 用省道的收出胸部造型，腰省量距离人台有很多的余量

d. 在腰省的基础上，使用折叠方法继续塑造

e. 用折叠交叉的方法做收腰造型的尝试

f. 将交叉部位的结构仔细缝合，使之有空间的层次感

g. 复制另一片，完成整个前衣片的造型效果

| a | b | c | |
|---|---|---|---|
| d | e | f | g |

图 4-18

（3）基础板型的几何式拓展

服装的基础板是从纸样的角度变化服装造型的便捷渠道。以文化式原型板为例，板型中含有结构交点（端点）和结构相交线，这些点和线是人体结构的象征和原型板型结构定量的标记。以此作为板型位移变化交点（图4-19）或交线（图4-20），可对板型进行错位移动，以一个点或线进行板型位移变化，单独裁片可以在保留了常规服装结构的基本定量上，任意增加造型变量成为新的设计板型，也可两个裁片以一个交点或相交线进行错位组合，如平面角度旋转移动、立体角度旋转移动、旋转错位拓展移动等方法，可形成一个全新的板型或再重新分割板型。利用基础板型位移变化的方法，巧妙设置旋转角度和板型拓展量的形态，是对平面拓展的立裁造型思路的有效操作。

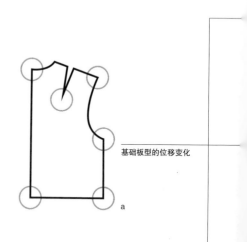

基础板型的位移变化

a

a. 以基础板型的结构交点（端点）

b. 交点平面角度旋转移动

c. 交点立体角度旋转移动

d. 交点旋转错位拓展移动

e. 板型错位移动

f. 板型错位推展移动

g. 板型错位旋转移动

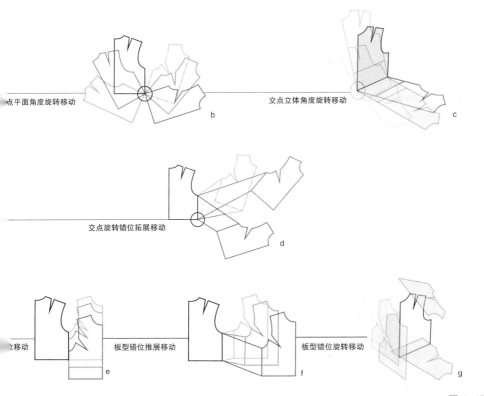

点平面角度旋转移动

b

交点立体角度旋转移动

c

交点旋转错位拓展移动

d

位移动

e

板型错位推展移动

f

板型错位旋转移动

g

图4-19

## 2.基础板型的相交线移动

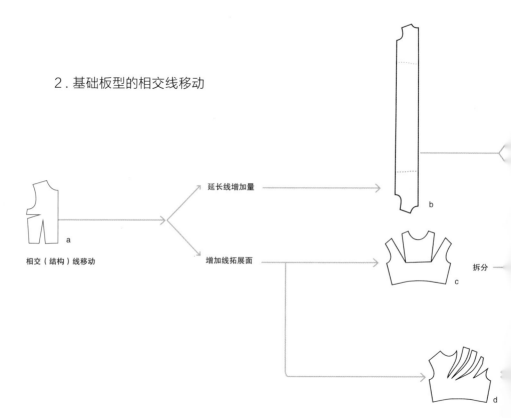

相交（结构）线移动

延长线增加量

增加线拓展面

拆分

a. 相交线移动

b. 交线延长拓展衣片增加造型量及应用方法图例

c. 增加线拓展面及应用方法图例

d. 增加线布拆分加量造型及应用方法图例

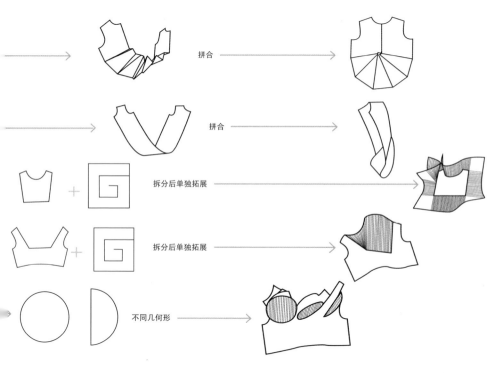

拼合

拼合

拆分后单独拓展

拆分后单独拓展

不同几何形

图 4-20

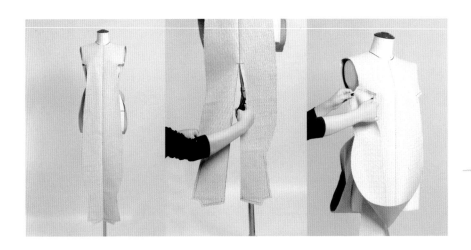

基础板型的交点位移。

板型移动后的立裁上创意操作，参见图例（图4-21）：

① 延长前后衣片上的中线和侧缝线，使板型大袋理想长度，并将欲增加的其他结构部分拓上去形成新板型。

② 按板型裁剪面料，放置于人台上依据增加量及板型形态进行折叠或折曲手法的造型尝试。

③ 根据设计和工艺方法在板型上做出标记。该操作是为了解决立体造型形态向平面板型转化的技术问题。

## 二、依据几何图形的平面板型变化

远古时期的人们利用长方形或圆形布料直接在人体上做缠裹造型，依据几何图形造型是从原始以来就有的服装设计方法。几何作为最抽象的形态语言，其创造性可谓无穷无尽。依据几何平面板型间接造型设计是创意立体裁剪系统中需要重点实践的部分，也是激发偶然性服装造型灵感的重要过程。

平面板型的几何图式变化，是指在平面板型上进行多重几何式处理，使形态

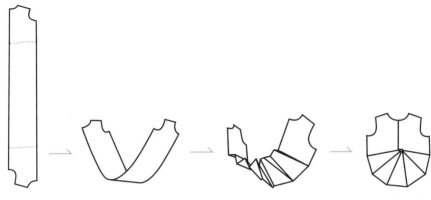

图 4-21

发生质的变化（图 4-22）。这些处理可以是任何造型手法或多种造型手法的叠加。通过分割、折叠、穿插、旋转、扭曲、挤压等手法的组合，服装空间由此打开。如果说基础板型是对传统规则的传承，这种板型变化是对定式和常态的突破，将基础板型与几何图形结合起来，便能打开服装造型空间。

### 1. 基础板型与几何形的加量设计

在尝试阶段主要的思路是制造量变。造型空间重点在于量的变化，在基础板型上分割，加入几何图形，能使服装的量发生客观性的变化，再运用延展、穿插、翻转等手法，就能让服装产生全新的视觉效果。而两者的综合也正锻炼了设计者在规矩与变化之间把握合适的度的能力。

### 2. 基础板型与几何图形的互补设计

按照基础板型初步制作样衣（图 4-23、图 4-24）。设计分割线，并依此进行分割，此款选择分割去量。在人台上垫一块黑色基布，面料去量后剪去的图形边缘则在基布上清晰可见。经分割后，服装的灵活性增大。通过调整分割边缘的远近关系，以基布作为对比或者补量参照，可以发散款式设计。对分割所去的量选择性填补、拼接、扭曲等都能作为衍生造型的依据。

（1）基础板型与几何形的加量变化

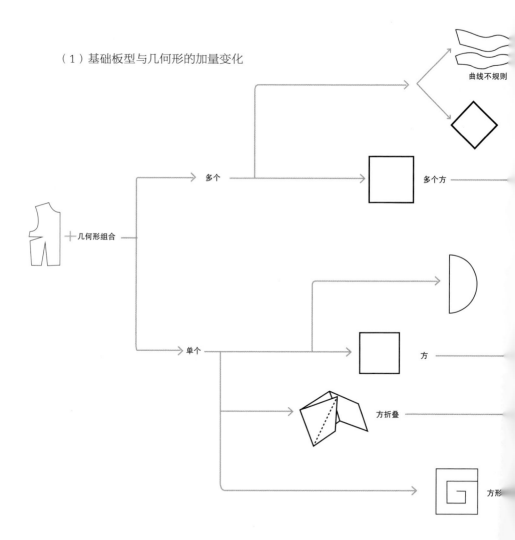

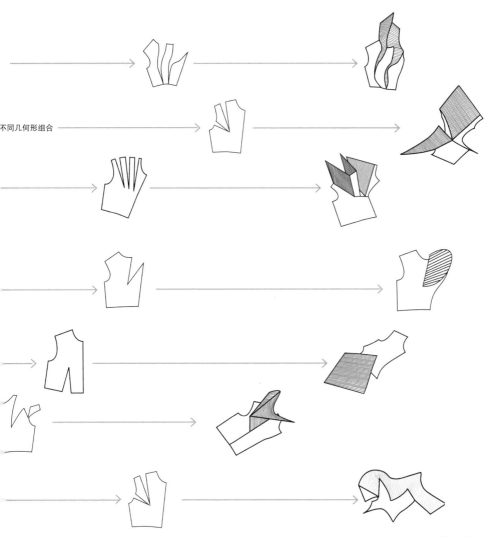

不同几何形组合

图 4-22

（2）基础板型与几何形的互补设计

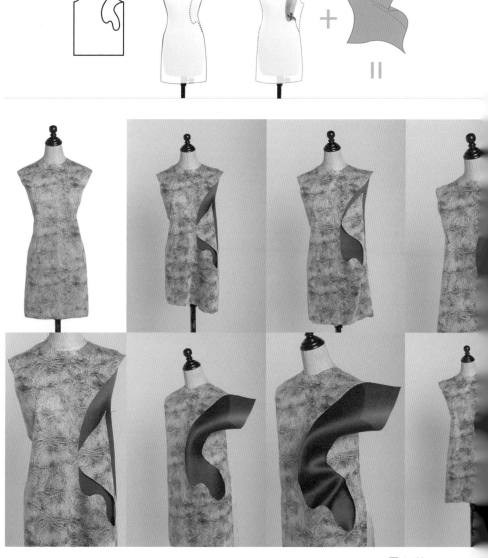

图 4-23

图 4-24

### 3. 基础板型与几何形局部组合设计

设计的主要思路是，取基础板型与几何图形的局部，在拼合完成后进行线条的微调或变形，使整体边缘形态呈现美感（图 4-25~ 图 4-31）。在此基础上再作思路一的延伸，所绘制出的平面板型不仅更具有趣味性且不失常规的服装语言。空间造型变得巧妙灵活。

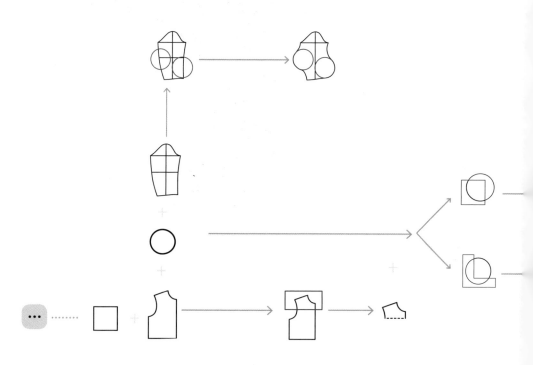

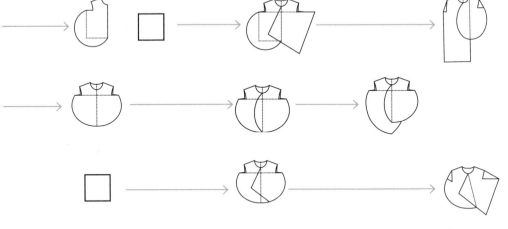

图 4-25

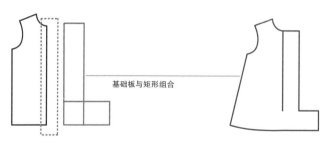

基础板型的前中线与两个长方形组合

图 4-26

置于人台上进行多种款式变化　　组合后的裁片放置人台上并剪开部分前中线

图 4-27

将坯布板型转到面料上继续在门襟、领子等部位进行造型变化

图 4-28

图 4-29

依据几何图形的平面板型变化的设计图例：

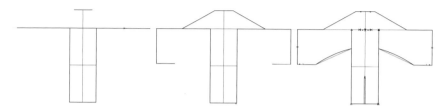

用线、斜线将衣身、衣袖概括成矩

将几何形概括的坯布样衣放置人台上互动造型

注意结构的细节

图 4-30

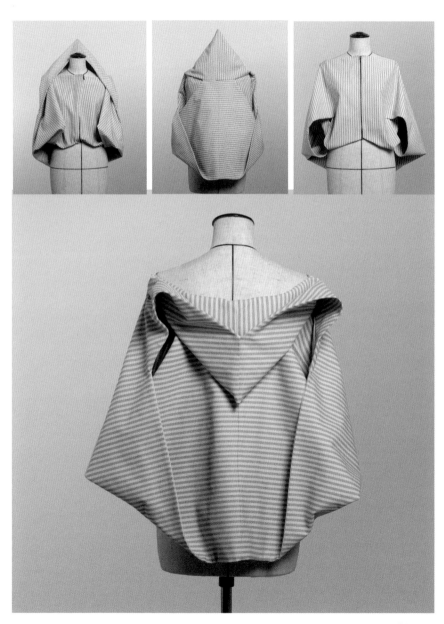

图 4-31

依据几何图形的平面板型变化的设计图例（图 4-32）。

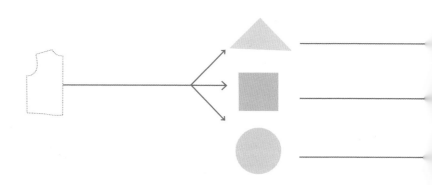

**基础板型到几何图形之间转化的示意图**

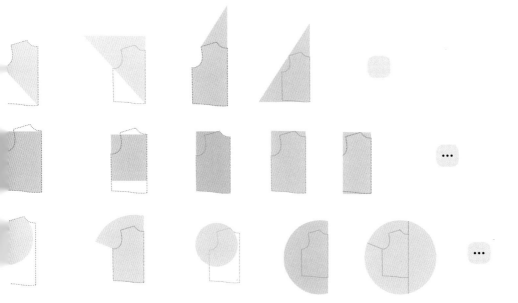

图 4-32

## 三、几何图形的直接造型

### 1. 方形造型

（1）一块布的直线分割

缺少线条的整块布要增加边元素来造型，分割是最有效的手段。除了从集合图形的边缘开始分割之外，还可以选择直接在图形内部进行分割。在正方形布的中央位置作切口式的不完全分割，立即增加了布料的可塑性。

步骤过程：

① 取一块边长为 150cm 的正方形布料，在中央位置分割三条长度为 30cm、间隔为 9cm 的平行直线。

② 以中间开口为领口将颈部套入，左右两开口作为袖口，形成肩带式在自然悬垂的状态。依据布料性能修整边缘线，捏合前胸、后背或腋下部位松量做褶裥。

③ 将两条肩带交叉，套入人台后，交叉产生的牵制力使前后衣身形成大的褶裥造型。继续尝试将布料的某些局部经切口穿插、折叠、翻转，变化形态（图 4-33、图 4-34）。

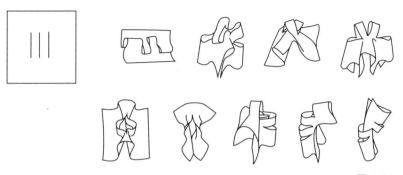

图 4-33

图 4-34

（2）一块布的折线分割

取一块正方形布，首先横竖线划均等的格子，分割时可以根据设计需求选择分割线的长短以及折角边。分割完成的条状布带在扭曲、拉伸、穿插后呈现形态各异的造型。本款选择错位缝合，即错开一段单位分割距离进行缝合，使整片布因为直角与直边的嵌入式缝合而扭曲成局部凸起的形态（图4-35~图4-37）。

步骤过程：

① 在方布上进行格子图形的分割选择。

② 尝试多种造型手法，激发形态想象，以选择出最合适的方式来实现理想设计。

③ 从方形中心处的分割部分开始，错开一段转折距离，逐步向外错位缝合。

④ 根据错位后产生的中心开口大小在人台上选择合适的放置位置，变换造型。

（3）方形图形组合

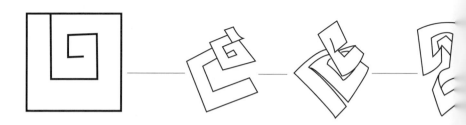

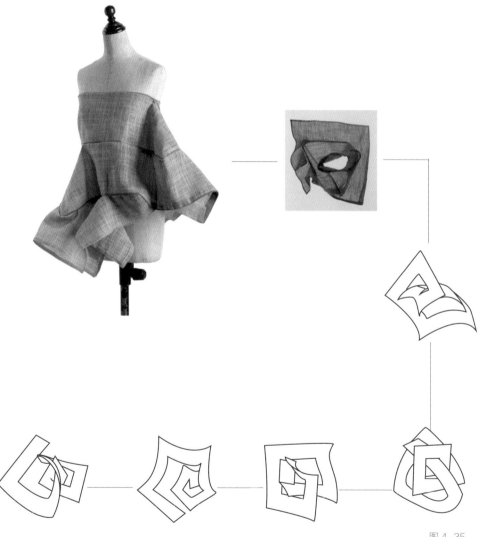

图 4-35

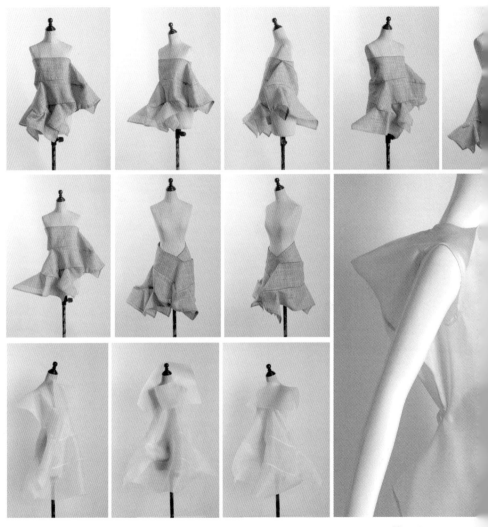

图 4-36

图 4-37

几何图形的间接造型离不开人体的参与。依据平面几何形裁剪而成的衣片穿着于人体上时，会形成不规则的形态和空间。结合人体结构与设计需求调整造型手法也是几何图形间接造型时需要注意的问题。

步骤过程：

① 用一块边长为127cm的正方形布料，在以水平与垂直的十字辅助线上取相等距离的点位，连接成线段形成多个平面正方图形。

② 剪掉中心的正方形，并以之为领口套入人台。调整布料位置，观察正方形四个直角分别位于人体前后左右的位置，尝试多种形态（图4-38）。

③ 沿位于左右两个方位的直角线迹剪开，正好形成袖子与袖窿。捏合前胸、后背部位的线段，使其形成立体褶裥造型（图4-39）。

④ 设计前中心或后中心线的衣襟开合部位，并结合下摆形态做各种缝合效果的尝试。依据最后的造型效果可作面料、色彩的拼接搭配（图4-40）。

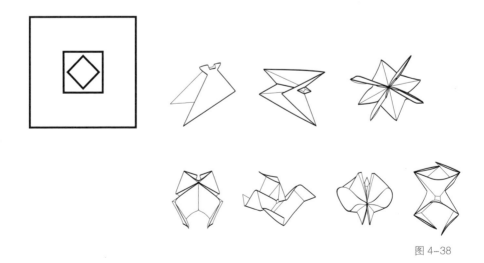

图4-38

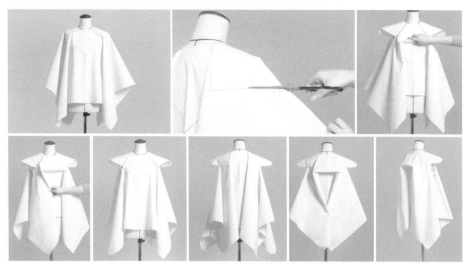

图 4-39

图 4-40

（4）两块矩形组合

矩形组合分割，除了单个几何图形间接造型外，图形组合能创造更丰富的空间层次。利用面积大小不等的矩形进行分割就是几何图形组合造型的简单实例。

步骤过程：

① 取两块面积不等的矩形布，分别在布料中心处按"十"字分割。也可以先将两布组合，再统一进行"十"字分割，在局部缲缝固定（图 4-41）。

② 依据两层布以及分割后的多角形态，在人台上变化造型（图 4-42）。

③ 因为矩形叠加分割后的边、角、面元素非常多元，可以进一步尝试诸如穿插、扭曲、对合、包裹等造型。胸、后背部位的线段，使其形成立体褶裥造型（图 4-43）。

④ 设计前中心或后中心线的衣襟开合部位，并结合下摆形态做各种缝合效果的尝试。依据最后的造型效果可作面料、色彩的拼接搭配。

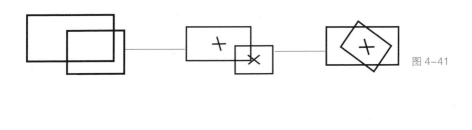

图 4-41

图 4-42

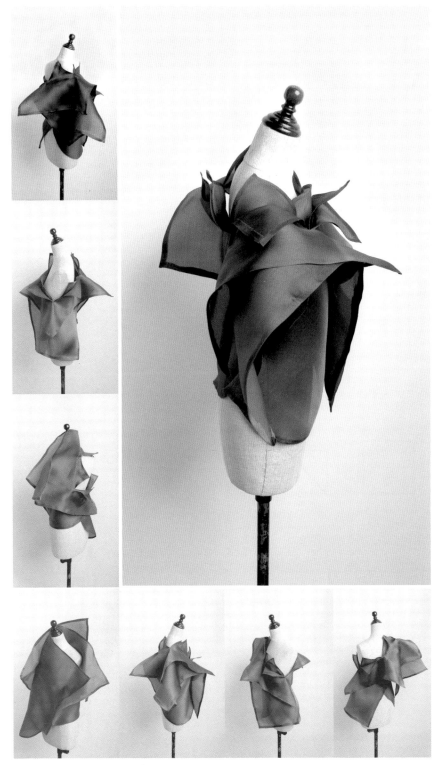

图 4-43

（5）两块正方形组合

同是两块面积不一的布料，按照不同分割轨迹展开造型，其效果会截然不同。

步骤过程：

① 取面积不等的两块正方形布料，其中较小的正方形 a 沿对角线分割，另一块正方形 b 沿对称轴分割，两条分割线长度相等（图 4-44）。

② 将正方形 a 分割形成的两个等腰直角三角形分别于正方形 b 的两条分割边缘缝合，且将缝合边缘净滚边（图 4-45）。

③ 置于人台上，进行穿结、内外翻转等处理，旋转布料在人台上的着力位置，由此衍生服装款式（图 4-46）。

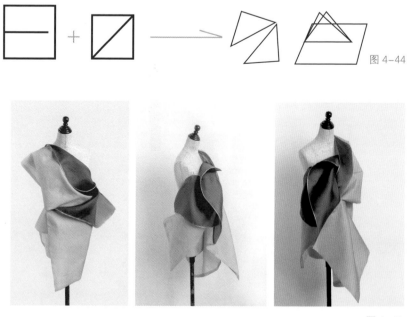

图 4-44

图 4-45

图 4-46

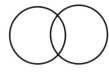

图 4–47

## 2. 圆形造型

（1）同型同量叠加组合

先将 360° 圆的几何图形组合缝合，使之形成一定的余量空间（图 4–47）。在与人体互动过程中，利用这些余量扭转布料，从而形成自然的褶皱形态，经过组合的多层次形成相互牵制并利于包覆造型。

步骤过程：

① 取两块面积相等的 360° 圆形布，圆心对合并在内圆边缘留出 1/2 臀围尺寸的量后，进行缝合。

② 从预留处套入人台，在顶部挖出领口并使其与肩部贴合。

③ 调整整体造型，以颈部或下摆作造型参考，尝试正置、扭转等手法，操作同时观察衣身形态，选择合适的效果，依据人台确定袖窿位置及形状（图 4–48）。

④ 根据所有的开口，随意变化位置，尝试领口、袖口、下摆在布料上的角色互换（图 4–49）。

图 4–48

图 4-49

（2）同型同量水平组合

利用几何图形的拼合完成角度的累加，突破360°的平面空间（图4-50）。

步骤过程：

① 取两个相同大小的圆，以半径为分割线进行分割。将两圆拼合在一起，形成双重圆，可以将其理解为变异的圆形状态（图4-51）。

② 将该圆放置到人台上，使圆心置于前腰节的左侧部位，用别针固定，围绕圆心将一部分角度量向胸部位旋转，另外的角度量放在裙摆做荡褶造型。

③ 以圆心为旋转中心，尝试进行角度量向各个方向的分配（图4-52）。

④ 逐渐改变旋转中心和人台上的支撑点，依此进行局部固定与角度量分配（图4-53~ 图4-57）。

图4-50

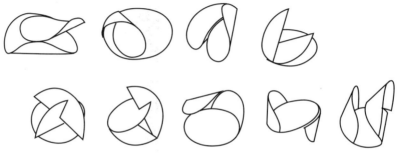

图4-51

双重圆的造型互动图例：

图 4-52

图 4-53

图 4-54

图 4-55

图 4-56

图 4-57

（3）同型差量分割组合

将面积大小不等的相同的圆形，先进行叠加组合，然后再分割，依据此形态与人台互动造型。

步骤过程：

① 取两块面积不等、颜色不同的布料，圆心叠合。在距离内圆边缘 4cm 处按同心圆线迹不完全缝合（留出 1/2 臀围尺寸的量），如图 4-58 所示，白色弧形虚线为缝合线迹，位于对称轴上的白色直线为分割线迹（图 4-59）。

② 以左肩为受力点披挂，留出袖窿口，按照圆形边缘完善侧缝、下摆的形态。

③ 转动布片，重新选择人台支撑部位。

④ 随弧线边缘与曲面，不断调整衣身与下摆造型。依据所产生的新款式。结构线重新固定侧缝，设计衣襟的开合方式（图 4-60~ 图 4-62）。

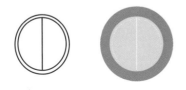

图 4-58

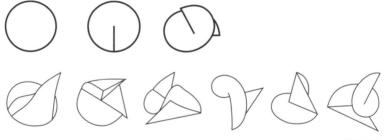

图 4-59

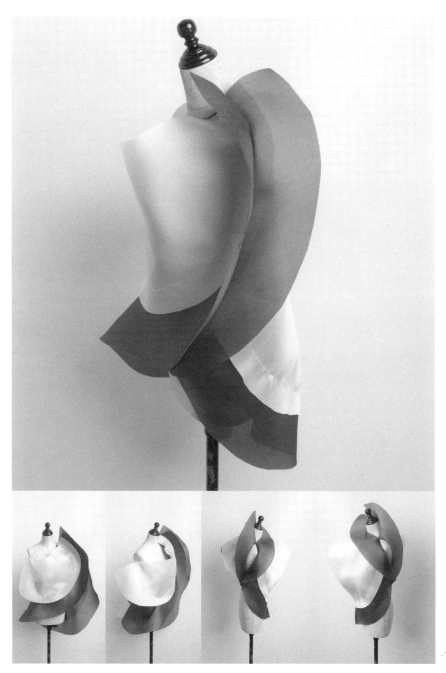

图 4-60

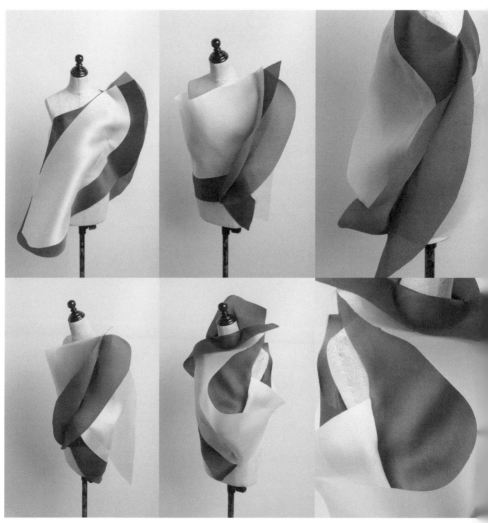

图 4-61

图 4-62

（4）差量差型的图形组合

同形组合时，边缘相等便于缝合，也能使形态具有平均感。异形组合，正是它的边缘差量、差型的组合，便能产生新的意想不到的边缘线。

步骤过程：

① 将正方形沿对角线剪开，插入一块三角形。缝合对应边。如果出现两边不等长的情况可酌情设计出褶的造型（图 4-63）。

② 披挂于人台，在变换造型时可依据面料形态选择袖窿位置和样式（图 4-64），也可利用两块布的接缝开袖窿。

图 4-63

图 4-64

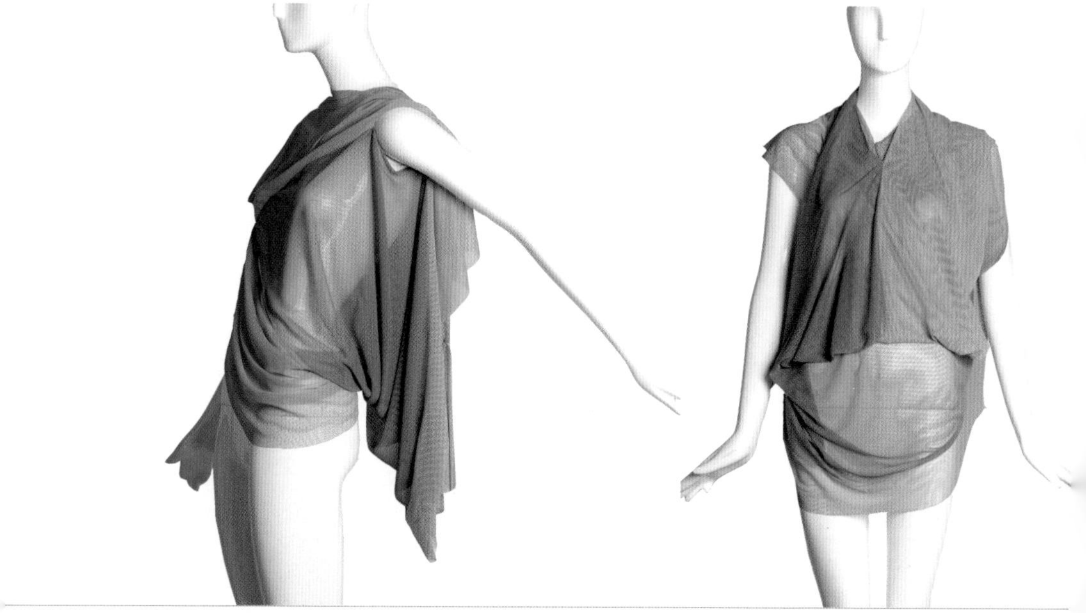

置于人台上的造型尝试

图 4-65

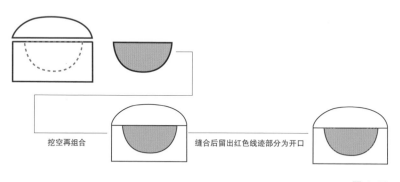

挖空再组合　　　　　　　　缝合后留出红色线迹部分为开口

图 4-66

③ 也可使其以正负形的方式分割拼合（图 4-65、图 4-66）。

④ 这种拼合的方式，重点在于进行面料不同质地、色彩等方面的组合后进行造型尝试（图 4-67~ 图 4-70）。

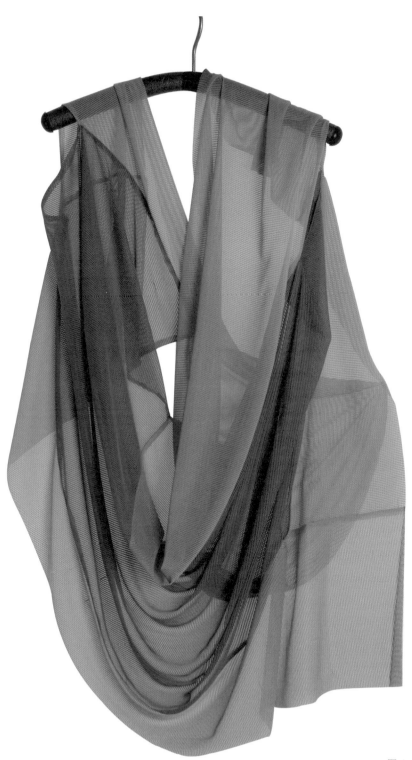

图 4-67

方圆拼接组合后，在平面上进行穿插方法造型尝试

图 4-68

方圆拼接组合并进行平面服装语言的互动造型

图 4-69

图 4-70

（5）从几何到成衣

利用几何图形的平面板型制作成衣，是在单纯的造型思路中加入对面料的选择以及工艺细节的设计，同时以人体活动或者形态所需为参考依据，对局部结构进行调整和完善。

a. 单矩折叠成衣

单个矩形在旋转、折叠等手法的作用下逐步形成对人体的包裹。通过局部结构的拼接组合，服装能更适用于人们日常穿着。

步骤过程：

① 裁剪出呈条状的矩形（图 4-71），使两端向相反方向旋转折叠。

② 连接边沿，反面的立体效果逐步浮现（图 4-72）。

③ 缝合连接部分。在相应位置接合领子和袖子，修正局部造型（图 4-73~图 4-75）。

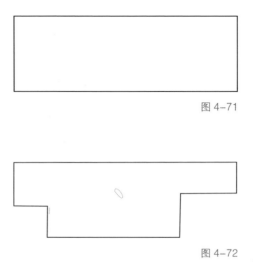

图 4-71

图 4-72

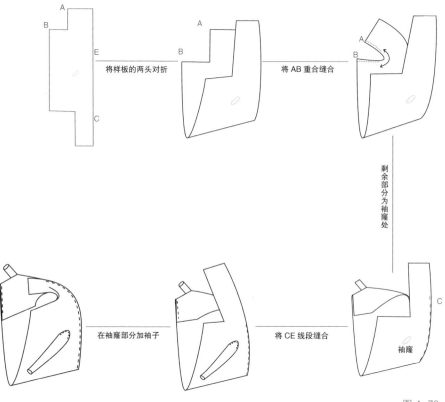

将样板的两头对折

将 AB 重合缝合

剩余部分为袖窿处

在袖窿部分加袖子

将 CE 线段缝合

袖窿

图 4-73

图 4-74

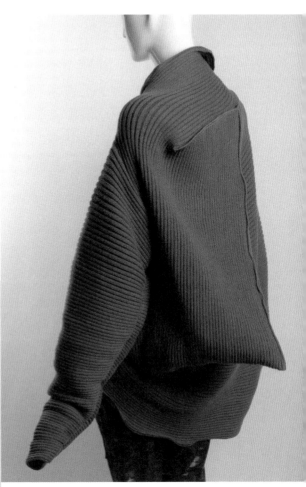

图 4-75

b. 双矩组合成衣

两个面积不等的矩形图形通过组合造型成衣,使布料自身形成立体的包裹式空间,将身体容纳其中。同样,它也需要考虑人体在穿着过程中的舒适度与实用性。

步骤过程:

① 参照臂长与衣长尺寸剪裁布片 a、依据门襟需要宽度裁剪布片 d,参考图 4-76 进行裁剪布片。

② 将 b 的长边与宽边卷曲缝合,缝合时从长边端点和宽边中间部分开始,以缝合完成后所留有的开口周长大小足够袖口围为依据。

③ 同上,使 b 呈对称的缝合造型。

④ 将 a 沿长边对称折叠,以对称轴为后领中线,与 b 的长边中点对应。以此为参考,将 a 与 b 缝合起来。调整局部,造型完成(图 4-77)。

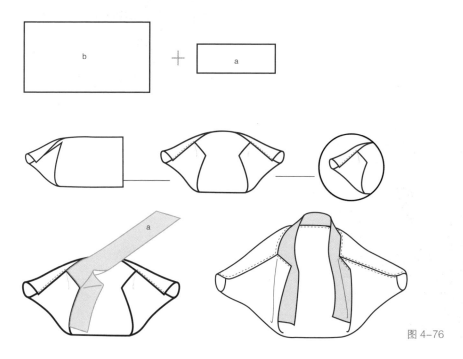

图 4-76

图 4-77

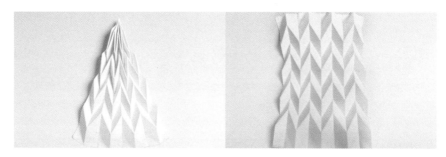

图 4-78

# 第四节　半立体造型——平面向立体的转化

## 一、理解半立体造型的涵义

半立体构成，是在平面材料上进行立体化加工，使平面材料在视觉和触觉上有立体感的构成方法。例如折叠出的效果呈典型的半立体状态；在一块面料上割出切口，错位缝合后也会产生半立体效果；大部分的省道都会产生类似的效果。半立体构成是"平转立"的最基本的构成训练。

半立体造型在建筑、室内设计等行业广为使用。半立体造型赋予了平面厚度的概念，而在厚度之中的空间塑造，不仅增添了服装的肌理和触感，又为向立体变形奠定了基础（图 4-78）。同时，半立体是对设计维度更全面的思考，它突破了平面、立体的二元格局，为未来的多维服装的设计埋下了伏笔。

## 二、半立体造型的训练

将平面感的材料转变为具有立体感的构成形态，是源自深度空间的增加。从本质上说，半立体造型就是在面的基础上（不管是平面还是曲面），通过力的施予而产生深度空间。任何施予得当的力都能在面上形成半立体，折叠出的半立体造型可以由折纸得到较好的理解。在介绍基本造型手法时曾提到，弯曲（包括扭曲、卷曲、折曲等）也属于折叠的范畴，所以，在尝试折叠半立体造型时，不要局限于传统折纸的思维中。

分割主要是把面的整体性消解后，将裁片缝合，通过裁片之间的纽带牵制形成不平整的表面效果。分割也可直接加入深度空间方向的裁片，但必须避免形式的突兀和死板。穿插同样也是靠力之间的较量制造错综的空间效果。

综合而言，半立体造型主要通过平面上做力的实验来突破单一的板式结构。

半立体造型实例过程（图 4-79~ 图 4-81）：

① 先在纸上进行折叠形式的尝试。

② 在纸张或基础布片上设计并绘制折痕。

③ 按照所绘的折痕线迹，将半立体区域分解成若干个局部立面，并裁剪出相应大小的内衬（粘衬是为了更好地巩固半立体造型的稳定性以及提高立面的平整度）。

④ 依据折痕与立面塑造半立体造型。

⑤ 将折叠好的局部放置在人台上进行造型。

除了上述方法外，依据面料造型特点逐渐增加半立体造型的不同方式、方法，也可以从以下几种方法入手尝试。

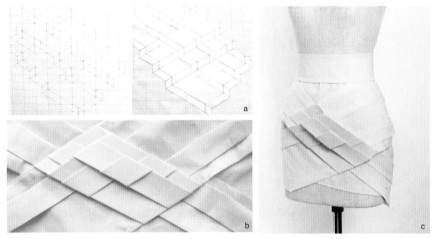

图 4-79

a. 用纸进行折叠的尝试

b. 按照折叠的痕迹，在面料背面站和、粘衬后再折叠

c. 图中的纸可以被理解为板，直接在人台上尝试半立体的造型效果

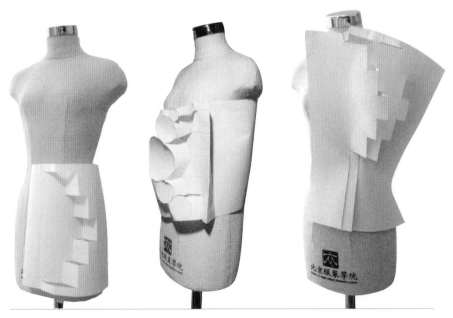

图 4-80

d. 依据人体结构部位合体折叠半立体的造型

图 4-81

（1）直接造型与间接造型结合的半立体造型

步骤过程：

① 衣身： 取 65cm×75cm 坯布，将布经纱向对合人台前中线，捏出 U 型的起伏量后，确定 U 型的起伏阴阳褶量共 10cm。依据划出具体的宽 5cm× 2 的 U 型折线与折叠面裁剪树脂衬后，进行粘贴、折叠造型，衣身造型虽然以袋状廓型结构，但几何弧线在腰节处的造型，使平面式造型具有了曲线结构的人体理念表达的视觉效果（图 4–82、图 4–83）。

② 衣袖：在 90cm×90cm 的面料上，在袖窿部分进行规律褶的折叠后，以对折的形式合成袖窿，并与前后片的侧缝连接，并顺着袖窿延接一小块面料，最后将与前后衣身的侧缝线与补充面料对合平整（图 4–84）。

③ 在需要加强折痕的力度时，可在面料反面粘上可塑性很强的树脂衬，并注意在折线处需要把衬破开，留 1~2mm 的空隙。

④ 放置在人台上造型，同时剪裁领口、门襟等部位（图 4–85）。

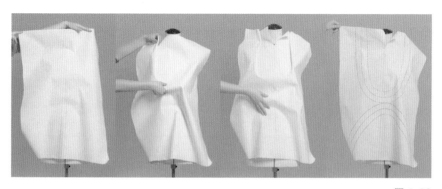

图 4–82

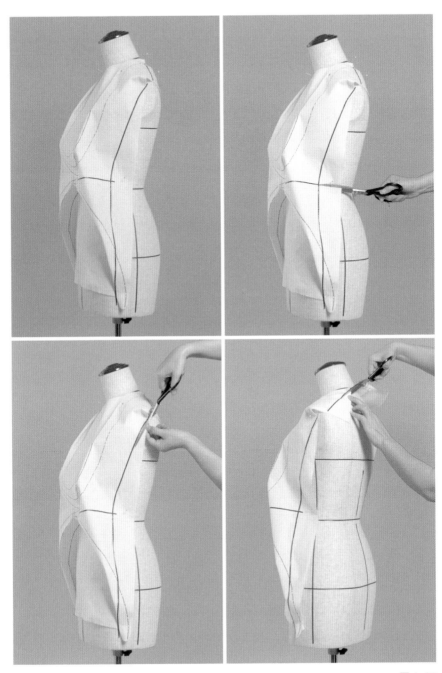

图 4-83

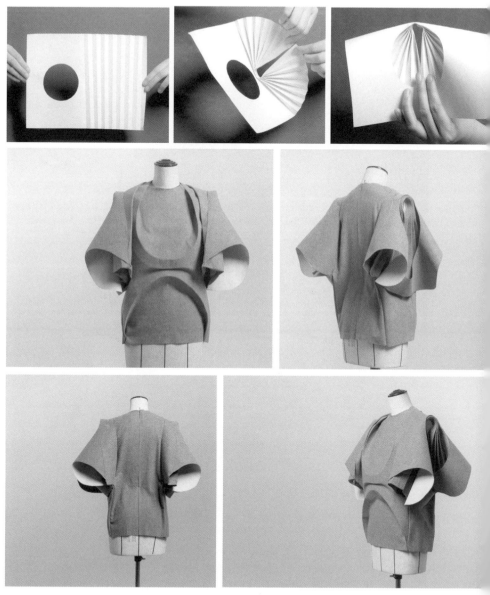

图 4-84

图 4-85

（2）分割重组的半立体造型。

步骤过程：

① 通过不完全分割，将多块布片进行嵌入式组合，使平整布面再经缝合后产生立面。置于人台上，立面的张力显得收放自如，别有一番风味（图4-86）。

② 通过对布片进行完全分割，在此基础上进行重组，使各布片拼合后形成三维空间。完全分割塑造的空间效果更易打破原有的二维状态，展现立体感（图4-87）。

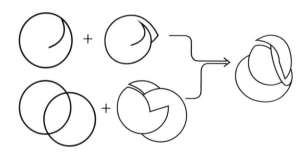

图 4-86

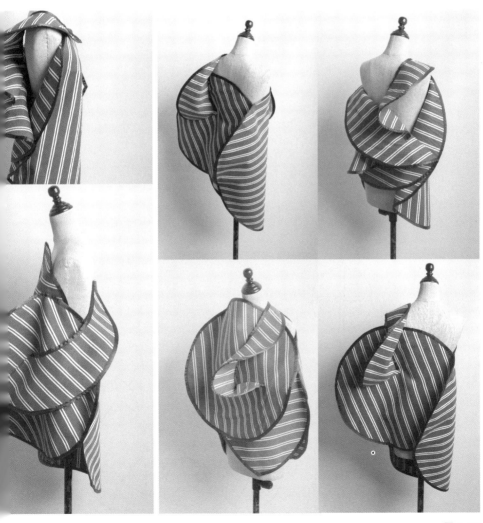

图 4-87

（3）维度变化的半立体造型

面料完全分割后，通过不同方向的维度重组所产生的立体效果相较于不完全分割，空间对比更强烈、层次更清晰。但服装最终的维度状态是其整体结构带给人的主观感受，所以将它们归于立体还是半立体造型则因情况而异。

步骤过程：

① 取两块等大的圆布，一块沿直径剪开，另一块沿互相垂直的两条直径剪开。

② 随意拼接缝合各块布片的边缘，尝试不同的造型变化。在拼合过程中，尽可能使被四等分的圆片中任意两片不在同一平面上（图4-88）。

③ 置于人台作形态调整。在头部、手臂、颈部等位置，可以增加诸如帽子、袖子、领口、门襟的局部细节设计（图4-89、图4-90）。

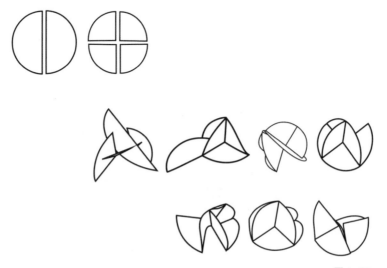

图4-88

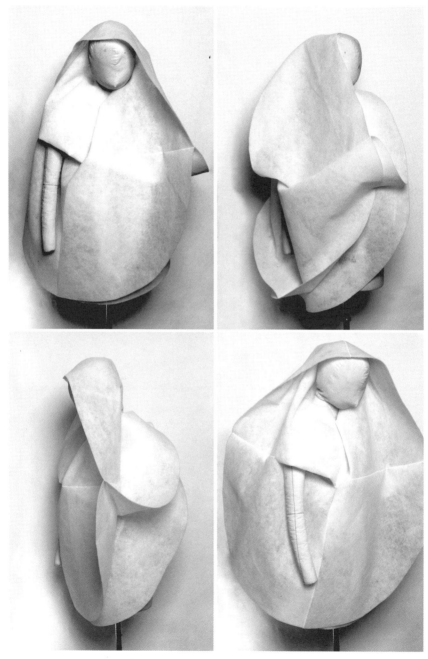

图 4-89

图 4-90

半立体造型注重的是平面与立体之间的转化。平面的厚度增加、高度方向上空间的引入是半立体造型的关键点。

（4）穿插组合的半立体造型

穿插所塑造的形态效果是由力制造的高低起伏使平面转为半立体，所以"层次"一词是穿插造型中的核心。力量达到平衡，各部分保持在相对稳定的状态，形成支撑或牵扯。

步骤过程：

① 取正方形布，沿对称轴不完全分割。随后分别在左右两边切割6条平行于对称轴、间距相等、长度相近的直线（图4-91）。

② 随意扭曲布面，并尝试将不同的面在不同的切口之间穿插交错。根据所需的造型效果，可以对切口的长度进行调整。

③ 以不同的穿插造型在人台上进行互动，被不完全分割的切口可以作为肩带造型。以此为款式的发散点，逐渐演变出更多款式（图4-92）。

④ 根据具体款式，作造型结构完善和相应的工艺设计（图4-93）。

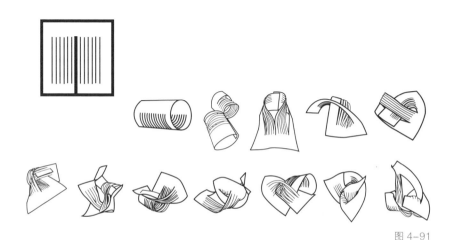

图 4-91

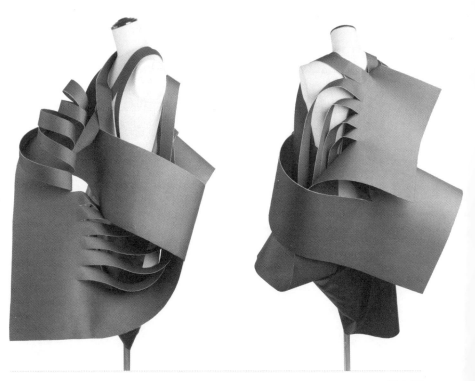

图 4-92

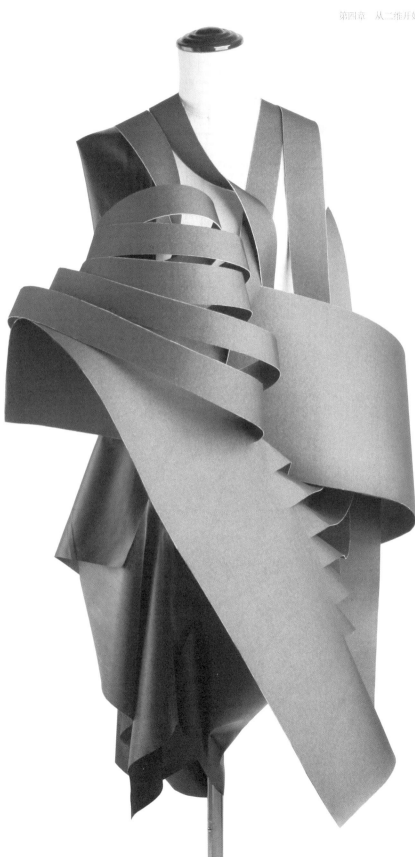

图 4-93

# 第五章
# 三维空间造型拓展

探索三维：发掘立体设计域

衍生空间：实现造型循环

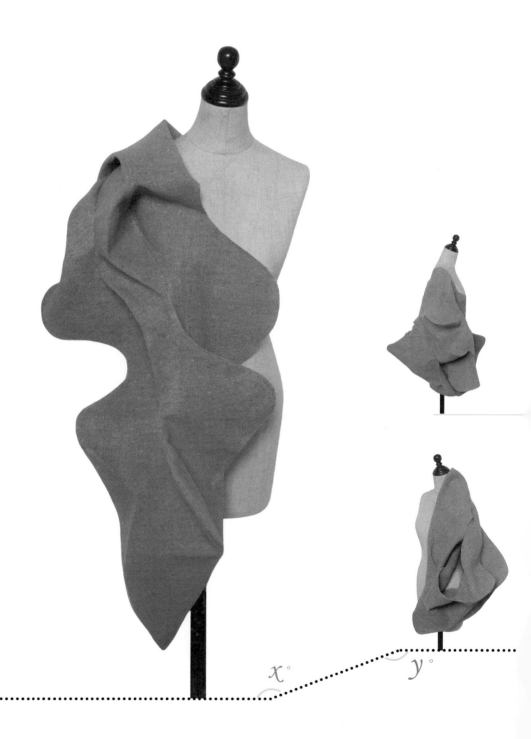

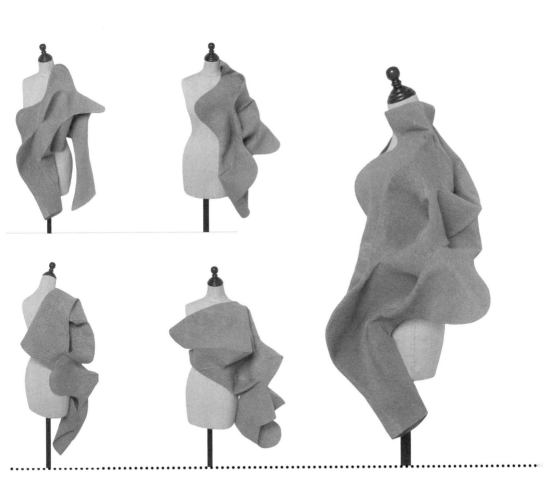

# 第一节 人体与第二层皮肤

## 一、体的世界

"体"常用于指代事物本身或全部，同时也用来形容物质存在的状态或形状。在中国古典哲学中，"体"更是释义为"本体"，指最根本且内在的表现。

设计常把生活（尤其是我们身处其中、目知眼见的世界）作为灵感源头。纵观四周，这无不是一个体的世界。元素凝聚成气体、固体、液体，并以或隐或现的方式存在，希腊哲学家柏拉图数学化地将某些物质抽象成几何结构。早在公元前 360 年，他在《蒂迈欧篇》(Timaeus) 中用正四面体、正八面体、正二十面体及正六面体分别假设性指代火、风、水、地（图 5-1）。虽然这种描述只停留在假定阶段，对大部分人而言也过于晦涩，但物质所具有的体的属性确实在后来的科学发展中逐步被发掘出来。

正四面体（火）　　　正八面体（风）　　　正二十面体（水）　　　正六面体（地）　　　图 5-1

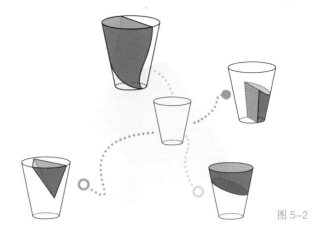

图 5-2

如果用体的角度去重新审视司空见惯的事物，它们的存在状态与构成形式都可以被无限组合变换。以最普遍的圆台杯子为例（图5-2），其内部空间的划分可以完全随机。经过设计的空间划分，能使平常的物体具有千变万化的空间形式，它能激发人们的想象力，促进创意结构的形象思考。体是由面构成的，构成"体"的"面"从二维形态中延伸，连接起不同的空间，同时又划分出空间的界限。世界既是一个整体，也是各种体的集合，我们能任意地将原本看似独立的物体结合起来构筑成相互关联的体态。

## 二、立体构成

### 1. 立体的形成与展开

我们对于立体的初步认识通常由几何体表面的展开与再结合而获得（图5-3）。最基础的立方体若沿着12条棱切展开，便能产生11种平面展开效果。

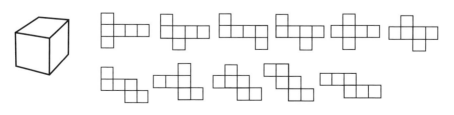

立方体平面展开图

图 5-3

延伸到服装设计，这些平展图就是纸样的雏形，而其外延是分割线设计的结果。

在设计领域，立体构成是在形态元素、视觉规律、力学原理、心理特性、审美法则等诸多因素的共同作用下进行的面与体的组合创造。就几何体的平面展开而言，其展开形式是基于分割线进行的切展行为。在几何体所具有的平面上分割，完成后不会影响立体几何形态。但是曲面分割展成平面后，只能还原出近似的几何体，并非强调构造出与切展前一模一样的形态。理论上所说的"只有无穷小的

●球

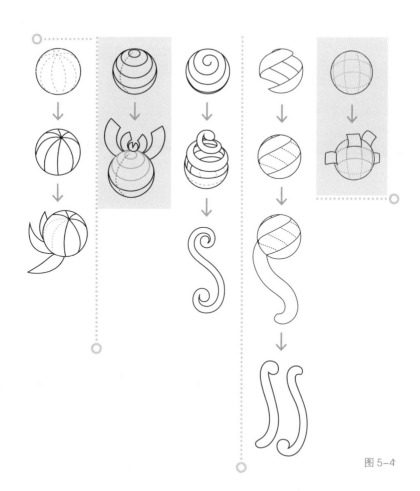

图 5-4

分割面才能再现立体形态"的情况——如何通过切割让一张纸把一个球"很完美地"包裹起来,这种艰巨的任务在服装设计中并不存在,充其量它只能得到某种近似的效果。这种"分割重组的近似性"既能使形态在"平转立"的过程中再现出基本的特征,同时,它的分割也能让形体产生出更丰富的造型语言(图5-4~图5-6)。

**▲三棱锥**

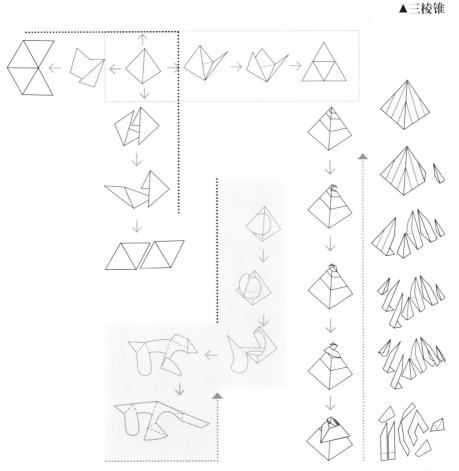

图 5-5

## ●圆柱

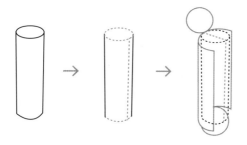

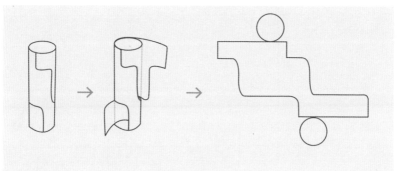

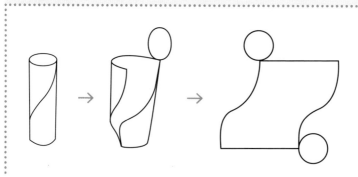

图 5-6

## 2. 构造立体

立体的构造方法随所用材料和预期造型的变化而变化。科技与时代的发展会带动观念与技术的进步，所有知识、方法或技能都应该只是学习探索中的指导，而非思想的禁锢，因为它们随时等待着被否定和被超越。因此，这里列出的仅仅是一些最基本的立体构造的方法，它让人们看到，这些方法是如何打破局限创造丰富形式的。

（1）边缝合构体

① 矩形边缝合的三棱锥体（图5–7）

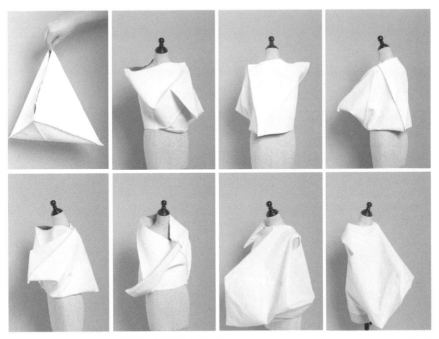

矩形的四条边可构成三棱锥体，棱锥体的形态放置人台上的造型　　　　　　　　　　　　　　　图5–7

② 矩形边缝合的立方体（图 5-8）

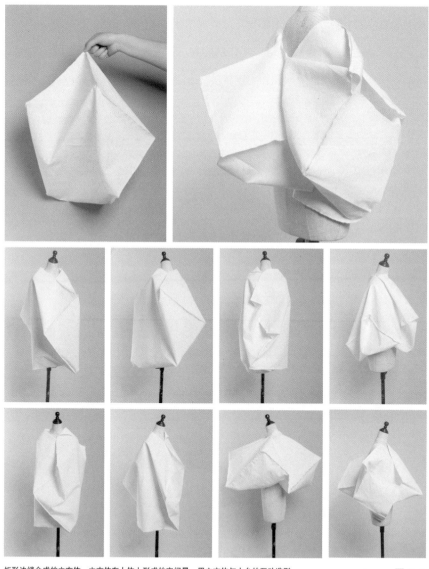

矩形边缝合成的立方体，立方体在人体上形成的空间量，用立方体与人台的互动造型

图 5-8

③ 矩形边缝合的锥体组合（图5-9、图5-10）

在一块方布内分割矩形并将分割边缘缝合成锥体，将缝合的局部锥体形布放置人台上继续仿造锥体缝合造型　图 5-9

图 5-10

④ 矩形分割缝合的立方体组合（图 5−11）

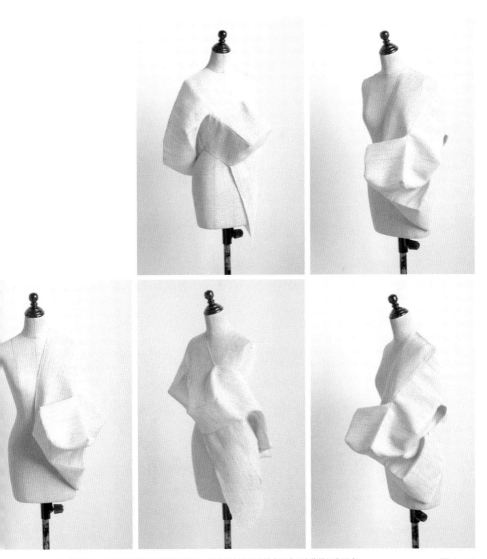

在一块方布上，依据矩形分割局部的直角边，将直边与交接边缝合形成立方体的组合形式      图 5−11

⑤ 矩形边缝合的圆柱体（图5-12、图5-13）

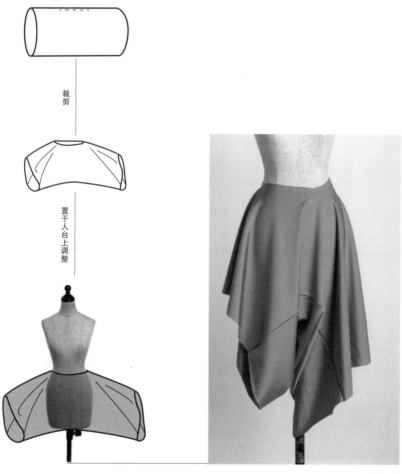

裁剪

置于人台上调整

图5-12

图 5-13

（2）面折叠构体

① 基础折叠（图5-14~ 图5-16）

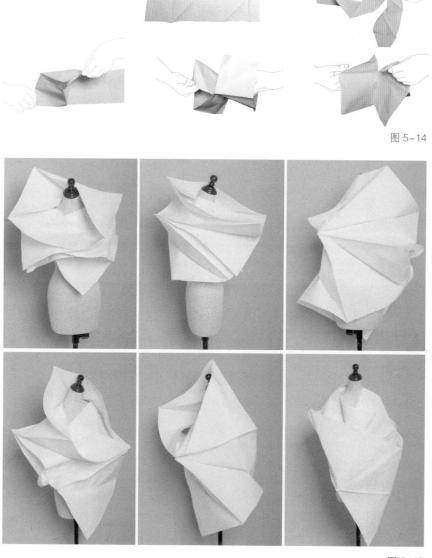

图 5-14

图 5-15

图5-16

② 几何规律折叠（图5-17~ 图5-19）

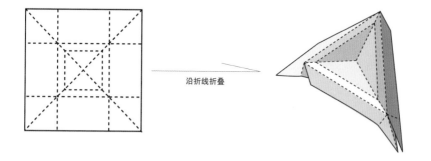

沿折线折叠

图5-17

**施用不同的折叠力尝试与人体部位上的造型**

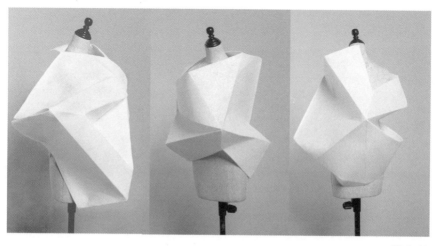

图5-18

图 5-19

　　例如，袖子的折叠造型：将折叠成体的手法应用于袖子造型中，结合人体结构，折叠空间在实现空间扩张的同时，又兼具折叠元素的造型语言又显现出袖子结构的空间设计。

　　造型过程以随机折叠为先，逐步使之与袖子形态融合。调整局部折痕或角度，置于人台上寻找最佳袖子位置，都能实现折叠空间向袖子造型的过渡（图5-20、图5-21）。

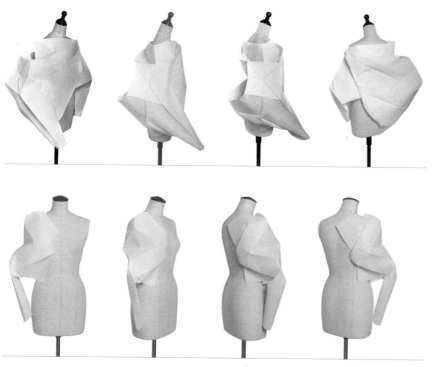

图 5-20

图 5-21

③ 翻转折叠（图5-22~图5-24）

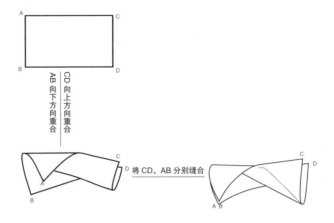

CD 向上方向重合

AB 向下方向重合

将 CD、AB 分别缝合

图 5-22

将两条线段缝合后，放置人台上尝试造型

图 5-23

图 5-24

④ 切展折叠（图5-25）

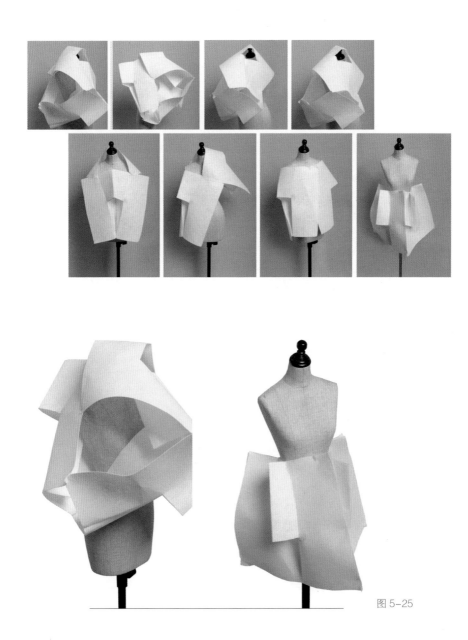

图 5-25

（3）面回旋构体（图5-26）

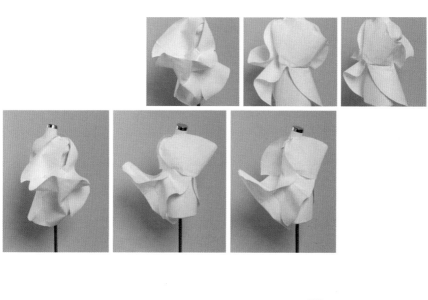

图 5-26

（4）面去量构体（图5-27）

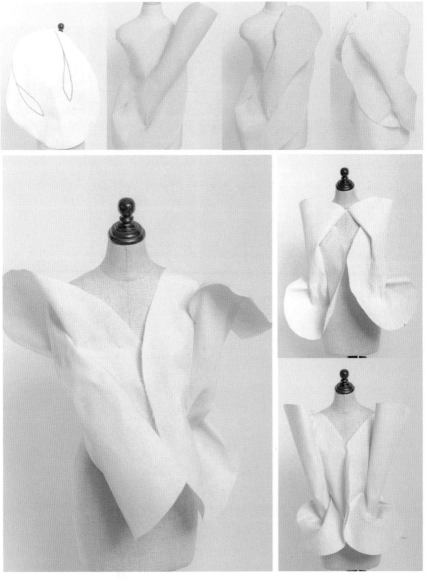

在一块平面布上挖掉一些量后再进行缝合，依据去量后形成的立体形态造型

图5-27

### 3. 立体造型语言

"体"是"面"的集合，囊括了"面"所具有的一切元素。但点、线、面在"体"的语境下所呈现出的线规定为平行投影线，然后正对着物体看过去，将所见物体的轮廓用正投影法绘制出来，该图形称为视图。把主视图、俯视图、左视图三个基本视图统称为三视图，并将其作为对物体几何形状的抽象表达，用以正确反映物体的长、宽、高。这是"体"较之"面"最为明显的视角差异。多面的视角赋予了点、线、面辽阔的空间背景，并任其无穷变化。直与曲、静与动都成为模棱两可的描述，似乎只有追随时空的轴才能不断去捕捉更多的形态投影。

（1）棱、面、角的共生

棱是二面角的产物，常适用于平面范畴。下面一组图例（图5-28），通过旋转拍摄的方法让同一款服装在不同角度呈现出不同的美感。正视角度左腰腹部位的纵深感丰富了服装的空间层次，而侧视时突起的宛如立方体直而挺的造型语言表达的是秩序与规则的力量与气势。再转到服装后方，面与面之间的层叠关系让背部简洁而不失灵动气息。棱在其中时而化作优雅柔和的服装外轮廓，时而又

图5-28

变身硬朗刚劲的立体几何式线条。平面随着人体躯干转动着，靠棱的力量形成变化无穷的角度。尖锐锋芒的锐角、保守稳定的直角、温暖圆润的钝角在服装的大环境中互利共生，完善着服装设计的表达。

（2）曲与弧的交响

曲与弧是相对于平面和棱的概念。下图所示（图5-29），作为人体的主要构成元素，曲面与弧线应用到服装上能与人体本身产生更密切的近似关系。两者呼应而出的韵律赋予了服装更多的流动空间以及躯体节奏。曲面与曲面的相交位置可以构成直线，但更多的情况是弧线。柔软的弧线给人以荡漾之感，硬朗的弧线则让人体会到或婉约或大气的韵味。曲与弧在人体上化作流动的线面结构，使服装与人体处在和而不同的状态中，服装展示着与人体交融的魅力。

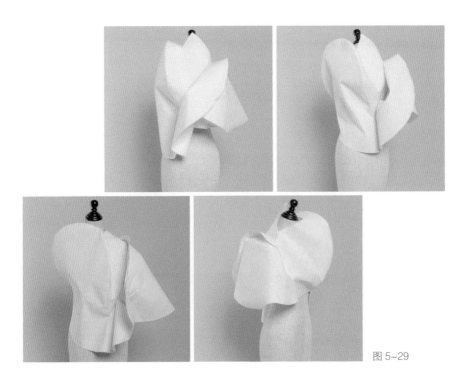

图 5-29

（3）体的变奏

体本身是基于三维而存在的，具有三维属性。若想全面了解二维，必须站在三维的角度去观察思考。同样，对体的探究也不能忽略第四维度，即时间轴。因为体不是单纯的投影，只有跨越一定的时间范围才能将某个立体的各个面看得全面而没有视觉误判。时间的介入为事物状态的改变提供了先决条件。图5-30中的四幅小图，表现的是局部立体造型变化衍生的过程。如图所示，覆盖右肩和右胸的花状立体造型通过分离出"花朵"中间部位的公共棱，使"花朵"展开成为条状半立体结构；然后通过合并局部的边缘线，构造公共棱，便塑造了重叠的立方体造型。这个过程能引申出更多的造型变化，在四维空间中欣赏体的变奏，才能创造出超越时间的美。

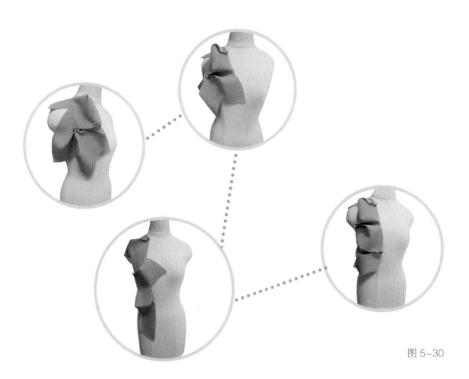

图 5-30

## 三、人体新解

人体是对人类身体的简称，包括头、颈、躯干、双臂及双腿。在绘制人体时常依据这五大组成部分，由立体几何造型逐渐过渡到灵动的人体形态，对人体形态美的衡量标准随着时代与思潮的发展而不断变化。文艺复兴时期，人们把丰腴、健硕的体格视为"男刚女柔"的表征，艺术家们以雕塑、绘画等形式将这种古典美学观刻画出来。人们形成"以瘦为美"的观念，减肥成为大众尤其是女性生活中的永恒主题。

服装作为人体的外包围，其形式必然与人对于自身的审美追求息息相关。长期影响我们判断体态美的基本要素是三条维度方向上的胸围、腰围和臀围尺寸，它们作为人体截面的分割线，将人体分成上下两部分的体态。实际上，人体还有更多的体态构成，它们不以自然人体形态为模板，而是进行体态延伸。延伸出来的空间既是人体的抽象概括、另类表达，也是服装新的造型基础语言。人体新解的意义在于摆脱传统人体观念的束缚，在更自由的条件下实现对人体与服装的创意表达（图5-31）。

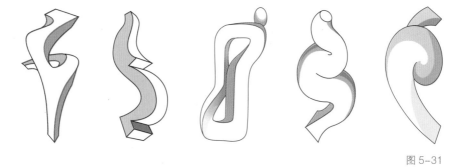

图5-31

## 四、第二层皮肤

服装是人体的第二层皮肤，理论上它对人体的包围与体表对肌肉的包围是一样的。通常所说的"皮肤"二字只是强调服装与人体紧密的围裹程度，这只是基于形式的浅层理解。皮肤并不是简单的"一张皮"，它婉转而生，能透气，会呼吸，它会随着身体部位的高低起伏转换，由薄而厚、由紧而松、由湿而干。作为身体和外界环境的接口，皮肤感知着冷与热、光滑与粗糙，并随之引起舒适或疼痛的反应。不管是生理还是心理范畴，皮肤既是人体通往外部世界的门户，又能深入内部凹穴。与此同时，皮肤还具有自我修复和自我替换的功能，表面安静祥和，内层则满布神经、腺体和毛细血管，忙碌地维系着机体的正常运作。总之，皮肤不仅仅是人体的表面，还是人体的本身，它复杂而丰富。

现在再从人体第二层皮肤的角度体会服装，它不只是视觉上的外壳，更不是全然的形状模拟。服装作为外层的包覆与内部的形体保持着距离，这个距离同样随身体部位的变化而变化，形成内层空间。它是服装设计最根本的变量，直接影响服装的内部结构和外部轮廓。除此之外，利用先进的现代科学技术改良材料的物理化学属性，从光学、热学和力学等方面增强服用价值，是实现服装有机化设计的途径与趋势。

"第二层皮肤"这种称谓体现了服装的人文回归，表达着致力于形式多元化且内涵丰富的服装设计哲学。它是视觉享受与感官刺激的综合体，代表着人体最自由的表白和最根本的解放。

# 第二节　服装中的三维空间

### 一、理解三维

三维是二维（长与宽）加上高度所形成的
"体积"（图5-32）。

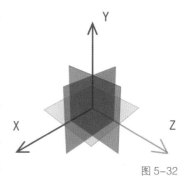

图 5-32

这里的三维指的是构成三维空间的长、宽、
高三维度的总和。三维具有立体性，但我们常
说的前后、左右、上下都只是相对于观察的视
点来说，没有绝对的前后、左右、上下。现实
中很难用单一具体的空间形态来描述或解释三维，或者说三维之于服装的意义并
不停留在塑造某个三维造型，它更重要的价值是培养空间意识。

我们所处的维度其实远远超出了人类理解的范畴，那些不被熟悉的维度状
态是存在的。例如我们都知道第四维是时间轴，而人类就目前而言还只是三维
生物。因为我们只能沿着时间轴单向地流逝，无法随意地选择所处的时间位置。
但时间维度确实存在于我们的生活之中，并与我们的状态息息相关。同样，通常
被认为没有空间概念的点、线、面也具有空间状态。以线为例，汽车上的线条就
是典型的空间状态下的线；女装上的"公主线"也是对优美的人体形态的"三维

表达"。从车体侧面看到的直线由车体的上方俯视会发现它实际为一条曲线。体会所有物体的三维状态与空间分布，用空间的角度重新审视造型和一切构成它的元素，这种多面视角更带有错觉、矛盾、神秘的色彩。

服装上的三维理念伴随着对人体厚度的认知，以及对造型和空间的理解。最早的三维服装依靠立体裁剪，通过合理的衣片结构设计制作而成。它们与人体呈现随顺关系的同时，根据时代审美需求对人体线条做进一步地修饰完善。三维理念发展到现在，更着重于空间的塑造，这个空间可以是基于人体的三维延展，也可以是将一个已经设计成型的空间造型置于人体上再做调整（图5-33）。利用空间意识作指导，不仅能创作出更具空间形式感的服装款式，还能丰富视觉效果，释放设计张力。

## 二、大空间与小空间

空间是自始至终贯穿服装的主题。从一片布式结构到紧身胸衣，再到20世纪60年代各大廓形的风靡，服装与人体一直保持着嬉戏状态，最为关键的部分是两者之间体量的变化。体量构成了服装空间，并以布作为界限划出内空间与外空间之差。

事实上，所有的设计都关乎空间，不同的是空间容量和空间划分。平面设计在第二维度上通过元素排布寻找视觉最佳平衡状态；立体设计与建筑设计、室内设计、环境设计三者之间的共通性则更加明显，其本质的区别在于空间的相对大小和开放封闭的程度。联想到更多的设计细分类别，无不围绕空间展开。所有设计分类都只是既定的设计对象或设计结果，美的空间不受设计类别的限制。

　　空间分类的方式很多，从形式上简单分为封闭空间与开放空间两类。封闭空间的外观常呈现强烈的立体形态，表现出重量感和体积感。同样大小的立方体，开放状态比封闭状态给人的感觉要轻得多，所占空间也要小得多。若处于封闭空间内部，封闭状态起到良好的空间隔离效果。这种效果作用于心理时易带给人安全感，但也可能引起压抑情绪。开放空间的外观延展性强，闭合边缘和开放界面的合理设置能使整个空间张弛得度。相比封闭状态，同造型的开放状态多了一份灵动和自然。内部空间的通透性增加了空间之间的贯通，强化了空间感官刺激。图例所示为开放空间在人体上的造型尝试。

　　宏观地说，在宇宙的"大空间"中，我们对形态的塑造不过都是对"小空间"的重新规划。这些"小空间"被赋予确定的体积大小，由人们重新定义。例如状态稳定、充满神秘感与迷幻色彩的棱锥在建筑师手下成为金字塔；同时，棱锥也被当成帽子或首饰在时尚领域炫耀着鲜明的棱角和个性；对于户外爱好者而言，棱锥更是以帐篷的形式为他们带来短暂的驻扎与安顿。由此观之，空间的内核在其大小并不在其形式。

　　服装本身是一个空间容器，服装的局部与整体、内与外、大廓形与微结构都形成了服装中的相对大小空间。以褶为例，布面的局部褶皱会影响衣物的平整美

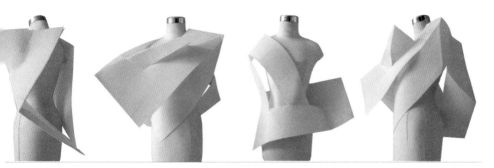

图 5-33

观，然而有设计感的褶皱分布则能起到增强布面肌理、强化感官刺激的作用。褶裥产生于折叠手法，在形成过程中受力导致空间错位，错位的内外空间重新平衡。"小褶裥"常用于功能性结构或装饰，"大褶裥"主要以夸张廓形。这里的"大"与"小"也是相对而言，并没有精确的数值范围。

　　图 5-34 所示为切展折叠的服装造型。可将一块布切展折叠过的布拼合至一体，下图是用多块布切割组合（图 5-34）。利用切割与折叠线在人台进行造型。此方法也可用于服装整体与局部空间的缝合和拆解发散造型。由空间演变而来的服装造型不仅线面关系明确、立体性强，而且形态新颖，具有深刻的启发意义。在视觉冲击下，我们再根据所需的服装造型尺度、工艺等需求完善设计细节。

图 5-34

图 5–35

## 三、以服装为时空

空间与时间是宇宙万物发生的起点与终点。正如《文子·自然》所言"往古来今谓之宙，四方上下谓之宇。"服装是包裹身体的宇宙，它的稳定主要依靠空间中的力。因为有力的牵制，服装中的线条才得以明确出来。用缝合或别针等方法对布料进行处理，建立牵制关系得到具体造型是创意立体裁剪的根本原则。

服装存在的根本牵制是由衣物包覆不规则的人体时产生。人体的突起点对布料起到支撑作用，多个突起点同时支撑时，相互之间形成新的作用力与反作用力，牵制关系得以建立。另一层牵制由各片衣片连接产生（图5–35）。缝合衣片的主要目的是构造衣片之间的施力平衡，还有很多造型细节也是通过缝、系等固定动作而产生的。布料本身靠加工实现第一步造型，在此基础上，人体结构发挥协作作用，影响甚至完全改变原有造型（图5–36）。

（1）力的牵制作用

如图例5–37所示，先将布料边缘选择性地缝合到一起，为了突出棱角造型，此处故意将布料折叠后与所对应的边缘缝合。然后，将第一步造型完成的布料披挂到人台上。该款主要利用左肩对整个造型的牵制，在前胸腰处形成内凹空间紧贴人体。预缝合而成的棱角元素在整个造型右下侧形成集中的放射状的设计点。侧面与背部稍有保留的棱与角正面造型相呼应。

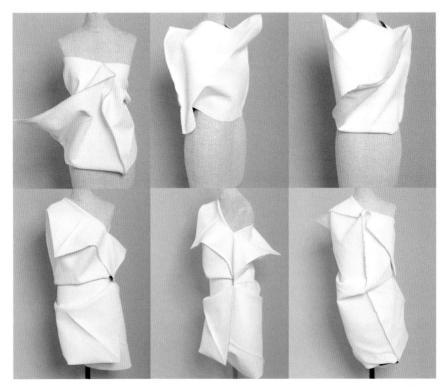

图 5-36

图 5-37

（2）调整角度与扭曲空间

在牵制关系里，角度是空间构成的重要指标之一。从一点出发的射线环绕一周是360°，经过这点减去或加入任何角度都能引起平面的破坏和立体空间的产生。所以，在服装造型中可以通过直接设置角度的方法来实现增加立体线条。两块布拼合成平面，双方的凹凸量应当是对等或者说是能够完全中和的。如果从任何一块布待拼合的边缘减去或加入量，则对等关系破灭，角度出现偏差。再将它们缝到一起，便会出现明显的空间。如下图所示分别为两组曲线裁片（图5-38）。前一组是依据裁剪曲线的大趋势上保持凸量对凹量，后一组特将两裁片的凸量对凸量、凹量对凹量，造成角度的绝对扭曲。由于某些部位存在明显的角度差异，两组裁片缝合后，会呈现出不同程度的立体感，在光照下伴有强烈的光影效果。

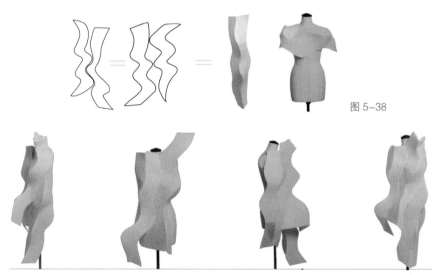

图 5-38

图 5-39

依据角度制约空间形态的造型方法，主要由分割线的形式和分割布片的角度移位缝合构成。首先尝试分割线弧度与弧线变化（图5-39）。然后进行立体实践（图5-40）。

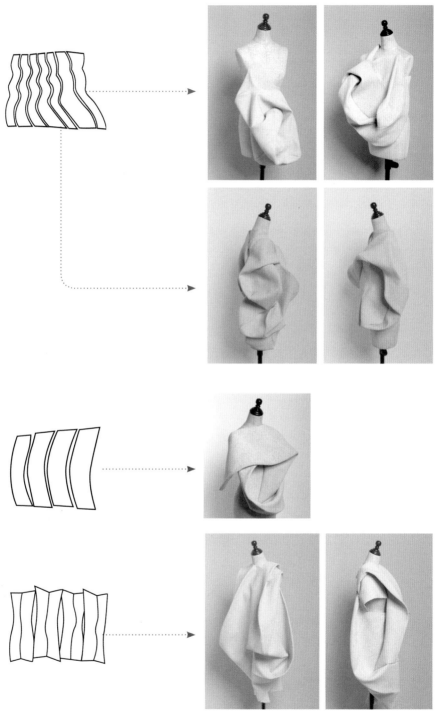

图 5-40

　　角度使裤子空间造型扭曲：利用角度在布片之间所产生的牵制力，将裤子的空间完全伸展开来。在造型过程的前期先大致缝制出预设的裤身量感，营造出宽松、修身等空间状态。然后在裤身上设计并绘制出分割线的位置以及粗略的边缘曲线。依照分割线分割完成后，在平面纸样上调整各曲线之间的角度差异，使相邻裤片经缝合后能依靠牵制关系形成空间造型（图5-41）。

　　尝试用不同质感的面料进行角度牵制的造型（图5-42~图5-46）。

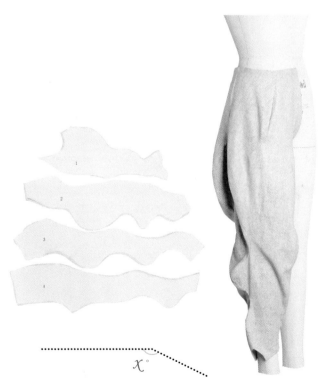

图5-41

图 5-42

图 5-43

图 5-44

图 5-45

通过上述服装款式的造型尝试，不难看出角度引起的空间变化是非常微妙的。尤其在成衣设计与制作的时候，不断地尝试与板型调整是不可或缺的步骤。经验的积累有助于利用角度进行各类服装款式的设计。

图 5-46

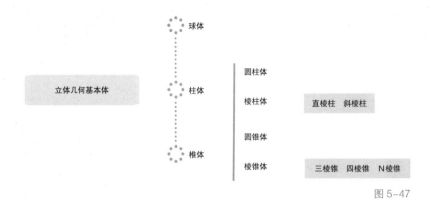

图 5-47

# 第三节 三维空间造型的设计表达

## 一、几何体的空间造型

三维空间造型的原始理想状态可以回归到几何体型。几何体型是由平面图形生成的立体空间形态，具有几何抽象、可变、基础、无限的特点。我们对三维状态的感知多源自立体几何，即三维欧几里得空间几何的传统名称，它们可以被粗略分为球体结构、柱体结构和椎体结构（图 5-47）。

球体结构，在空间中到定点的距离等于或小于定长的点的集合叫做球体，简称球。球体全由曲面构成，相对小的平面拼接到一起能构造近似球体。

柱体结构，以面为造型元素，通过弯曲折叠形成柱状。它的基本形有圆柱和棱柱两种。圆柱是以矩形的一边所在直线为旋转轴，其余三边旋转形成的面所围成的旋转体。棱柱则是有两个面互相平行，其余各面都是四边形，并且每相邻两个多边形的公共边都互相平行，由这些面所围成的多面体。棱柱分为直棱柱和斜棱柱。侧棱垂直于底面的棱柱叫做直棱柱；侧棱不垂直于底面的棱柱叫做斜棱柱。值得注意的是长方体是直棱柱的一种。

锥体结构，同样以面为造型元素，但在弯曲折叠过程中形成空间中的角。这是与柱体区分的主要特征。锥体有圆锥和棱锥两种形式。以直角三角形的一个直角边为轴旋转一周所得到的立体图形就是圆；有一个面是多面形，其余各面都是有一个公共顶点的三角形，由这些面围成的几何体叫做棱锥。棱锥有三棱锥、四棱锥等多类形态。

由几何体开始的创意立体裁剪一方面直接利用立体几何自身的空间造型与人体自然造型形成对比，造成视觉上的形态变化；另一方面利用几何体与人体不同局部的距离和体量差异进行造型设计。

## 1. 几何体型直接造型

塑造服装三维空间可以直接利用几何基本体型，通过调整它与人体之间的关系来寻找造型的最佳平衡点。

◆ 长方体直接造型

款式一：

① 用一块方布缝成长方体（图 5-48 的 a、b、c）。

② 将圆柱置于人台上，使圆柱能刚好遮盖人台。

③ 在颈部位置剪开一道口子，长度与领围相当，让颈部从开口穿出。

④ 按照背宽将所有余量堆积到前胸位置。

⑤ 调整余量，塑造出自然的褶皱装饰效果。

⑥ 观察正、侧、背面的造型，为了呼应前胸在背部折叠出对褶。

款式二：

① 在款式一的基础上，仍利用开口为领（图 5-48 的 d、e、f）。

② 将背部的对褶转至肩部位置，并在另一侧肩部作同样折叠处理，使整个款式左右对称。此时，几何体的余量堆在人体前部。

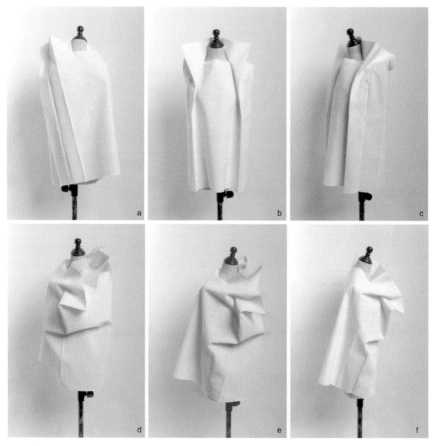

图 5-48

③ 调整余量，在锁骨位置折叠出两个活褶，并塑造了挺括且极具张力的大立领造型。

## 2. 几何体型间接造型

在几何体上先作折叠、分割、穿插、缝合等处理，再将其放到人台上进行立体裁剪，能帮助我们构造更多意想不到的几何空间造型。每种造型手法有它的特

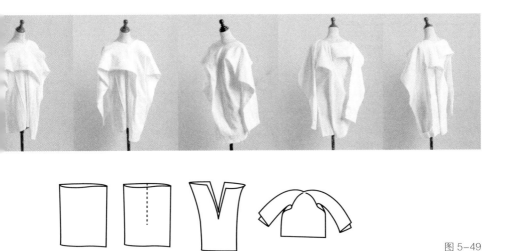

图 5-49

性以及造型效果，把握好各造型手法涉及的力的支撑与平衡，考虑体的重力方向与位置，注重视觉审美需求就能随意进行几何变化。

◆ 圆柱体间接造型

款式一：

① 由圆柱顶部从中剪开（图5-49）。

② 将圆柱放置到人台上，并把开口的终止位置调至颈根部，作为领口。

③把上半部剪开的部分分别往两侧倒。

④ 调整圆柱体量分布，两剪开的边分别与邻边缝合成为袖子。

⑤ 其余体量在前胸和后背位置分别形成一大一小、一高一低两个褶空间。

款式二：

① 在圆柱中间位置挖一个孔，尺寸稍大于人台领围大小（图5-50）。

② 以小孔沿圆柱高的方向的中线为基准，在对称位置偏向上的地方随意再

图 5–50

开一个孔，尺寸明显大于之前的开孔。

③ 将圆柱放置到人台上，小孔作为领口供颈部穿过，大孔作为底摆供身体穿出。

④ 在左肩处向外延伸一定量剪开，并在与其对应的右肩位置同剪一开口，右肩开口量相比左肩更大。

⑤ 调整整体造型，确定最终款式。

### 3. 立体型的综合造型

在实际立体裁剪过程中，造型已经不再是单纯直接或间接的行为。更多的时候，我们在经验与想象的指引下不断假设、不断尝试来创造很多形态。在款式完成之前，布料可能经历了无数次被放到人台上，又被无数次取下来折叠、分割、扭转、穿插。布料自身的造型在这些试验阶段不断变化，它们与人台互动，进而演变出更完善的设计。利用几何体造型也是如此。立体裁剪时不需要被所谓的"直接"或"间接"所禁锢，把布料看成玩具来摆弄，大胆动手，用实践来检验想法，同时刺激更多的灵感。

◆ 圆柱体综合造型

将圆柱套在人台上，圆柱高度正好遮盖整个躯干。设计在人体右侧作折叠造型，于是在布料上大致规划出造型占整个款式的比重，初步确定尺寸（图5-51）。将圆柱从人台上取下，根据预想的折叠效果设计折痕，并在相应位置黏衬。折叠成型后放回人台上，调整圆柱体量明确款式。可以在前胸处形成大荡领，后背则在靠近自然腰线的位置折叠成褶。

在人台侧腰部位依据褶裥方法造型（图5-52），为搭配右侧褶裥造型首先尝试用折叠方法做的小短袖，但大荡领经缝合后领口开到略低于颈部处，且在前胸形成内凹空间。在之前基础上继续做袖子的其他方法造型尝试：将事先折叠完成的布料于左肩处缠成袖子造型。

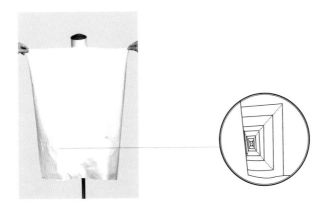

图5-51

图 5-52

## 二、布的设计力

立体裁剪与平面裁剪的差异让很多人有意识地将立体造型与平面板型区分开来，但本质上平面和立体都只是造型的一种状态，它们是可以不断相互转化的。

　　板型是服装的板式，也就是服装裁片的平面状态。通常，我们按照设计的款式和尺寸要求，通过计算把组成服装的裁片绘在纸上，叫做纸样。纸样存在的目的是为了以此为模板，以制作同样款式的服装或者指导同类造型的设计。同时它把整体的服装分解成独立的部分，便于设计师做随意的造型变化。第四章在介绍如何由二维开始造型时已经挖掘出平面板型的无穷变化能量，在这里我们要以平面板型为设计源来创造立体空间。

### 1. 单布体态

　　"一块布"给人的感觉似乎与"立体"二字大相径庭。把立体几何的表面展开成平面，从这个角度理解平面与立体之间的相互转化性会更容易（图5-53）。"一块布"的立体塑造主要有两条思路：一是利用四种基本手法来实现由"面"往"体"的空间聚集；二是通过设计布料的缝合轨迹，用错位、扭曲、翻转等力的牵制作用改变原有的平面状态。单布体态是多布。

　　造型的基础和本质，平面本身具有塑造立体的本能，并刺激着多布立体造型的发散。

图5-53

图 5-54

（1）选择基本造型手法

◆ 分割成体

上图所示为一块正方形布的正反两面。

① 在方布的中央位置剪出一道开口，割而不分。

② 将正方形布的左右两边对和缝成圆柱状，开口位于圆柱体横截面上。

③ 延长开口，将圆柱的下半截完全翻转过来，使下半部分的布反面朝外，并形成错位的圆柱。

④ 分别从两错位圆柱相连部位的开口处将另一圆柱部分捏合起来。

⑤ 披挂上人体模型，调整造型（图 5-54）。

该款在分割的基础上通过巧妙翻转，并运用穿插手法全然摆脱了柱状体原有的单一呆板之感。除此之外还利用面料正反色泽差异的特性，双面使用材料，丰富款式层次。

◆ 折叠成体

① 设计折痕，然后按照折痕初步折出布料各部分的起伏关系，必要时可通过熨烫或黏衬定型（图 5-55）。

图 5-55

② 将经过折痕处理的布披挂到人台上，局部固定。

③ 人台两侧伸展开的部分各依折痕折叠，且稍加固定在后背。

④ 将底摆往上提，与折叠产生的布料起伏正好形成一个内凹空间。

⑤ 确定初步造型后，用针别合定型。

在设计折痕时不一定需要有详细的最终体态效果。尝试阶段，注意观察各种状态下布料在人台上呈现的效果，并依此调整造型比事先严谨计算规划要更有意义。通过经验积累，以后针对具体款式，我们可以灵活使用各类折叠以实现设计。此款为依据同板型折叠成体的体态变化（图 5-56）。

图 5-56

（2）设计缝合轨迹

◆ 错位缝合

① 取一块正方形布，按照图例（图 5-57）所示进行轨迹分割。

② 参考图例，先将 a 点对 b 点缝合。

③ 两直角点错开，用直角点对合直边缝合，并顺势依次缝合。

④ 将缝合的初步形态放置人台上进行造型尝试（图 5-58），并依据形态灵感将剩余面料继续缝合。

错位缝合时注意利用角与直边缝合形成的牵制力，灵活地将角元素插入边元素里。在设计上可以选择性错开不必要的缝合线段，来构造边角空间。

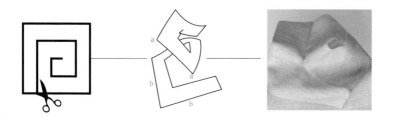

图 5-57

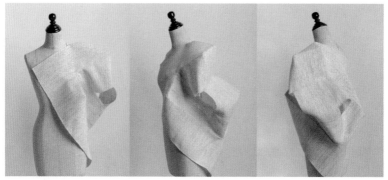

图 5-58

◆ 扭曲缝合

① 将一块方形布扭曲对折，参考（图5-59）所示缝合之后，再去掉余边。

② 继续扭曲缝合，翻转出正面，呈现饱满的体态。

③ 将造型置于人台上，调整扭曲而产生的牵制关系，从而变化空间形态。

④ 依据此方法选用弹性面料做款式造型。

　　扭曲缝合侧重通过施力，扭转布料的平面状态为有空间厚度的立体状态。经扭曲缝合后，造型中容易出现明显的曲面。多次扭曲更能塑造外凸和内凹空间，增强空间对比感（图5-60）。

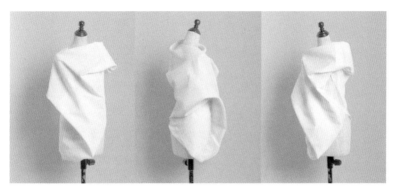

图 5-59

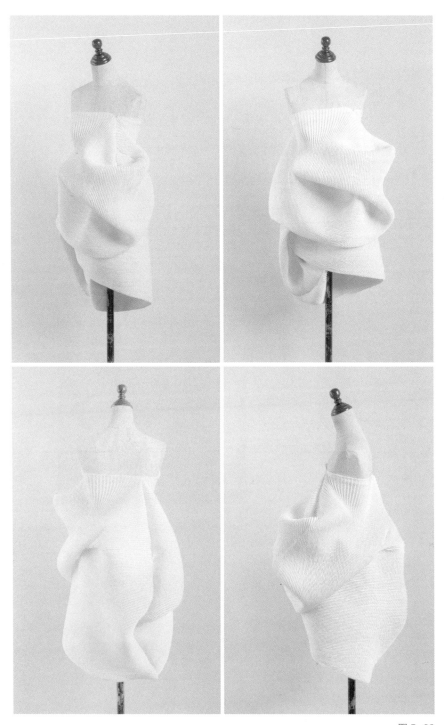

图 5-60

◆ 正反缝合

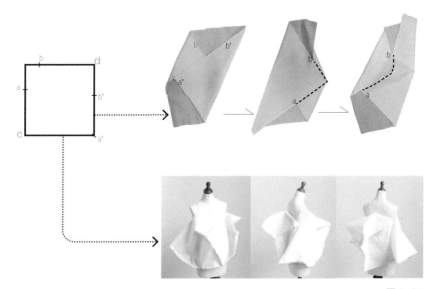

图 5-61

上图所示为一个正方形进行正反缝合造型的经过。正反缝合的主要步骤是在完成布料面与面相对的缝合之后，加入反面与反面相对的缝合。参见图 5-61 所示，步骤操作：沿正方形中的一边与对角点缝合（对合相对 ab 与 a'b' 线段），将面料反过来，放置在人台上按相同的方法将 cd 两角缝合。使方形的一个直角插入一条直边里，边与角的相互嵌入形成凸起的锥体结构。

正反缝合中必定存在翻转结构，所以，翻折方法与矛盾空间是正反缝合的重要造型元素。内凹空间与外凸空间的互融同样加重了立体色彩。

◆ 综合缝合

先取异色面料和里料，缝合成一个正方形，然后参考正反缝合的方法，将正方形一对角边进行缝合。参见图 5-62 所示，将正反缝形成两层空间形态直接套置人台上互动，并利用这种层次关系做大衣领结构造型。同时将空间角转到腋下并与外层披挂形成封闭与开发空间的对比。在此基础上可继续完善款式细节设计，实现创意向成衣的过渡。

参见图 5-63 所示，采用正反缝合出的边角体态，将其放置人台的肩部和前胸部，表达内空间突出的空间形态。

此款在近似披风结构的基础上，用加缝袖头、开口成袖及绱袖子的款式细节完善造型，同时尝试不同的衣摆与翻折领连通的形式。

图 5-62

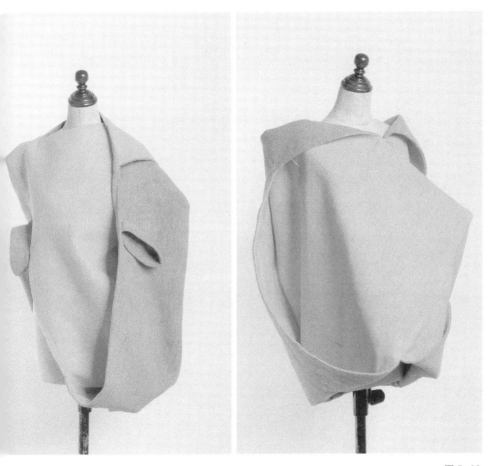

图 5-63

## 2. 多布造型

多块布造型是针对单布成体而言的。举个例子，把一张平整的纸分割成两部分，变成两张纸。纸被分割之前能塑造的形态，分割后的两张纸拼合起来同样能塑造。而且相比之前，被分割后的纸由于拼合方式的不同能产生更多的造型。这是对多布造型最简单的理解。在此基础上，如果我们对分割而成的两张纸的边缘再进行修剪，利用角度扭曲空间，则它们的可塑性不言而喻。

（1）一块圆布的分割重组

取一块圆布，在布面上随意设计并绘制分割线。然后按照绘制好的分割线将圆布分割开，如上矢量图所示，圆被分解成三个部分，变化三块布的排列方式（图5-64），注意各布片边缘线的长度与曲度关系，尝试将它们组合成一个整体。选择一种组合形式，并据此将三块布缝合起来。缝合时注意设计各布片相互的缝合部位、缝合长度。缝合完成后，观察其可能产生的空间造型。

图 5-64

步骤过程：

① 沿上图中标识的箭头方向依次缝合 AB、CD 线段。缝合时需注意保持吃量均匀，布片平整（图 5-65）。

② 将缝合完成的布片放置于人台上，结合人体结构，用针别合出具有服装语言的造型。可以用分割重组完的圆塑造出了立领和门襟的局部细节设计。

③ 转动布片，使重组形态逐渐释放更多设计亮点。参考图例，将原本的立领转变为围绕颈部旋转的大立领造型，余下的布片则在两肩延伸出袖子形态。

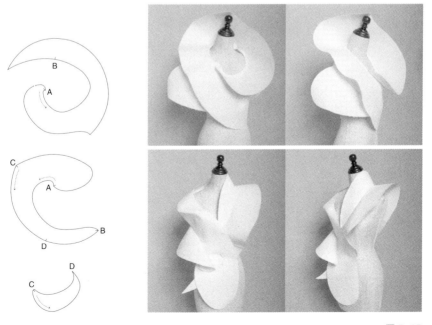

图 5-65

④ 加入一块长方形布。沿图5-66所示中的箭头方向，依次缝合AE、GI线段。放置于人台上，以不同的开口套入则变化出中四种乃至更多造型。所添加的长方形大小可以依据欲包裹人体的部位、所需缝合的长度以及局部的造型需求而定，其形态也能根据款式进行衣摆边缘部位的修剪调整。

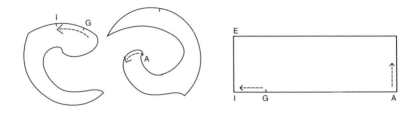

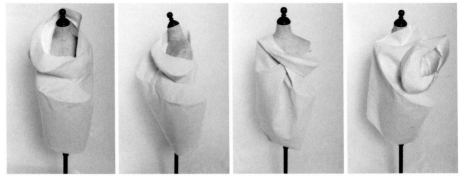

图 5-66

⑤ 参考图5-67所示，再加入一块梯形布料，依据所加位置将梯形边缘调整成曲线。按箭头方向依次缝合GF、GJ、FH三条线段。随着布片增多，缝合标识逐渐繁杂，需特别注意各对应点，避免缝合错位。

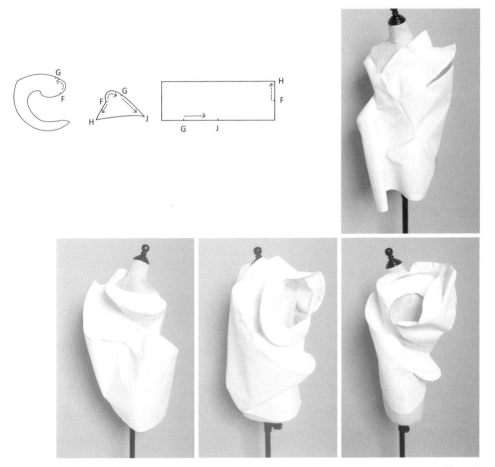

图 5-67

（2）两块圆布的分割重组

取两块圆布，在其上面随意设计分割线，两个圆可被分成更多的布片。将这些布片进行多重方式组合后，放在人台上逐步将它们完善成一个整体，这可产生更多的款式造型。

步骤过程：

① 裁两片相同的直径约60cm圆片，参考图5-68所示的分割形式将其分割，并用数字1~11标示各布片或部位。

② 沿布片7和布片1、2中标示的箭头方向缝合AA'、A'A""线段。

③ 沿布片7和布片1、2中标示的箭头方向缝合B'B、BB"线段。

④ 将初步缝合的布片披挂在人台上，结合人体结构和服装语言，逐步选择添加其他布片（图5-69）。

⑤ 根据领口、领子；袖笼、袖子等部位款式需要，在立体的人台上可随意增减其它布片（图5-70~图5-72）。

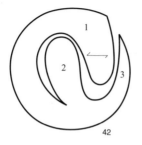

图5-68

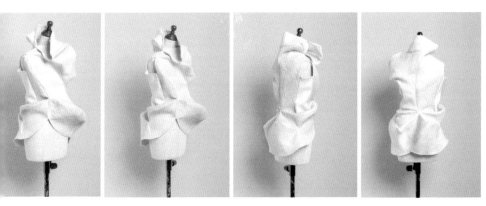

图 5-69

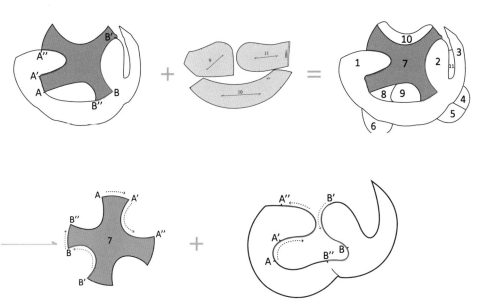

图 5-70

图 5-71

图 5-72

（3）更多圆布的分割重组

尝试将三至四个圆分割更多布片，进行增加可选择布片的条件进行造型尝试。

步骤过程：

① 在直径60cm×4的圆片上随机分割多片布并用数字标示（图5-73）。

② 缝合①和②部分线段成BD。

③ 参照图5-74，将各部分对位缝合。

④ 将初步造型的形态穿在人台上继续造型，根据造型需要缝合其余部分，或添加布片（图5-75~ 图5-77）。

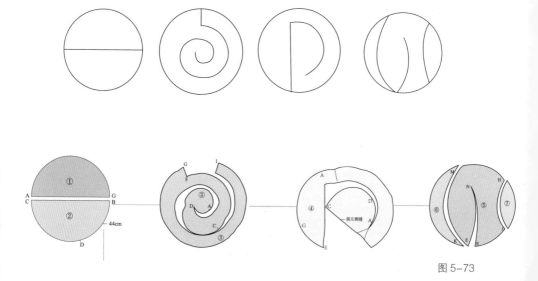

图5-73

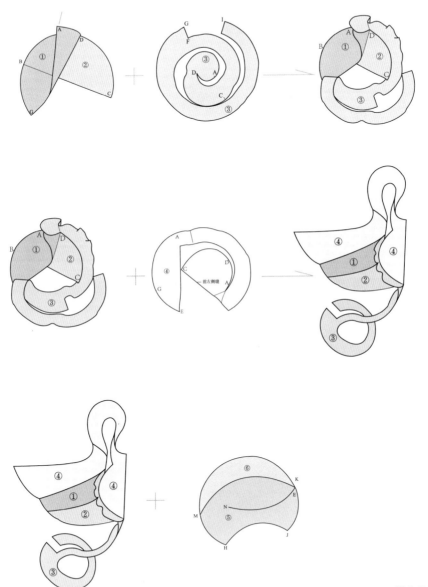

图 5-74

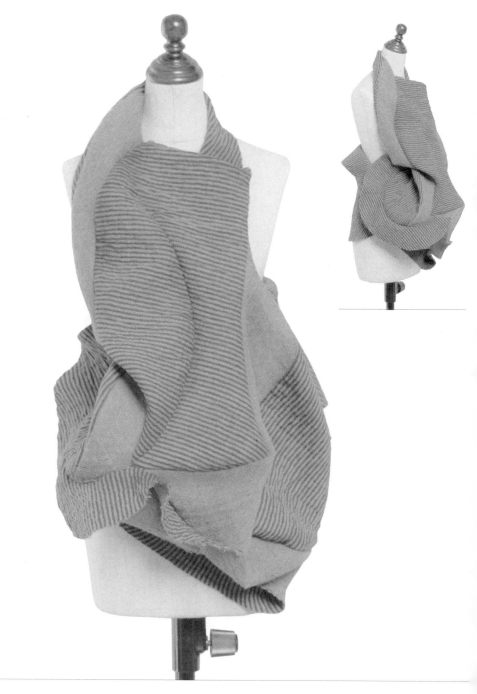

图 5-75

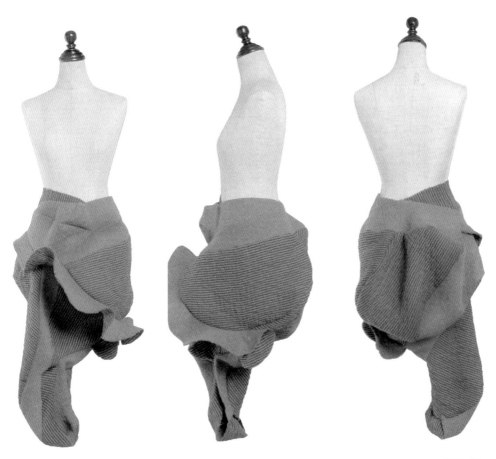

图 5-76

图 5-77

# 第四节　维度拓展与空间衍生

## 一、维度的可能性

维度（维数），用来描述空间对象所需的独立变量。用二维、三维概念及公理性方法无论将其视为空间形态还是物体形态已经被我们熟知，所以在欧氏空间思维下人们习惯把服装空间看成三维的或二维的（平面似的）。用多个变量来标示的多维空间，包括服装造型领域中常人认为它们只存在于我们意识感观目前难以触及的时空坐标里 。然而有些理论预言我们所居住的宇宙实际上有更多的维度（通常 10、11 或 26 个），但目前只能靠数学逻辑和其它科学理论构建，很难用传统的几何坐标系统完全呈现。

由于三维空间发生位移时，我们前后、左右、上下方向上都产生了量的变化及位移才能到达三维空间中的点。那么，四维空间则需要四个不同方向上的量变才能到达该空间中的点。所以在纯空间性的第四维空间造型里，可以理解为多个三维空间的聚集及其体性关系表达，更多维度的空间也以此类推。

如果以时间轴作为第四维数空间的话，一般表述的是空间同时性的概念，常以空间的多视角、多层面的同时展现时某一三维体时出现错视、错位及矛盾性的形式。艺术评论家阿波利内尔（Guillaume Apollinaire）在他的《立体主义画家》

图 5-78

（Les Peintres Cubisters）一书中将"第四维"描述为巨大无限空间的一个隐喻。更多维的空间概念都可以理解为：设计师在科学理念与空间狂想的碰撞中所孕育出的新的美学形式。

## 二、空间衍生空间

空间是流动、转换的。空间不仅能转换到另一个空间里去，还能径自衍变出其它的空间（图 5-78），空间不应该被"形"所捆绑，用形的角度界定空间是人类的一个成见。这时，维度是一个很重要的空间概念。服装造型语境中的多维空间的挖掘，是原创的结果，也离不开数的支撑。也就是说，数来源于形，因此能把形还原出来，这种"数形结合"的理念，不但对理解空间、维度有重要的意义，而且有助于造型与数字化之间的转换。创意立裁拓展出的多维空间，并不局限在某一个空间上的概念，这种逻辑推演，是理性思维中的内容，也能在艺术上获得感应，成为对结构状态的大胆设想，它们超越了诸如比例、尺度、角度的一般形态。空间就是四维的。它所具有的拓扑维度把我们从三维静态空间引向了动感、模糊、矛盾、循环、延续、拓展等等的空间特性。

图 5-79

### 1. 拓扑结构造型

拓扑结构来自拓扑几何。拓扑几何是一种能变形的、动态的几何体系，它允许一个形体在保持不出现撕裂和裂缝的情况下，以各种可能的方式接受所有可能的变形，这种连续性变形称为拓扑变形。拓补学不研究长度、角度等细节，而是研究形式的基本构成方式以及物体连续、闭合等结构性质。在拓扑几何的语言中，在运动中形的大小和形状都在发生变化。拓扑几何的结构造型瓦解了欧几里得几何形态的静止的、确定的形态，呈现出动态的效果。拓扑对循环的强调也使得拓扑空间常以扭曲、连续的形式存在，并伴随有一定的矛盾性。

让一个平面进行首尾旋转的结合，使之形成没有里外之分的循环态势，这种二维面的交叉形式称之为"梅比斯环"（图 5-79）它是拓扑理念下的三维体。两个"梅比斯环"即能合成一个"克莱因瓶"；把"克莱因瓶"从中间切开，又能产生两个"梅比斯环"。这种复杂的维度转换，让人们看到"空间"概念中所蕴含的多层次的内容（图 5-80）。

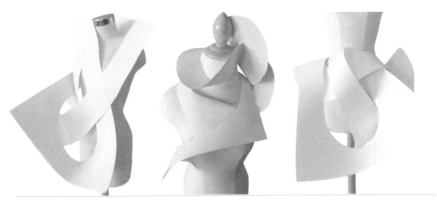

图 5-80

（曲线或直线）和二维（曲面）就可描绘出多维（n维）空间的独特魅力。这对于我们重新梳理基础的造型语言有着直观的理解作用，其实面料（二维）本身就潜藏着空间转换的可能（图5-81）。简单的线与面能随境而生，从可见的线面，可以延伸到无形而又无限的空间里去。二维即可以生出三维，也可以直接创造出四维甚至更多的维度。

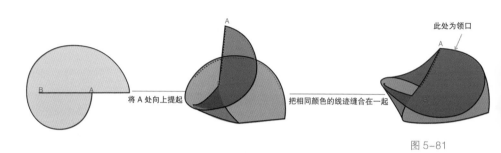

图 5-81

拓扑空间的维度意识，让我们得以改变一般的经典几何体（如服装上的A形、H型、O型）在人身上形成的僵硬、刻板的状态。改变的原因是拓扑是可转化的空间：在一个具有足够的量的正方形体积上施加各种形式的力（穿插、旋转、折叠等），都能使之变为一个"圆"或"圆锥"体的形态。这种变形过程不是静态的，它是动态的，是一个连续的变化过程（图5-82~图5-85）。在动态与连续中，已含有时间的概念。在三维上加了个"时间轴"，即构成了我们所说的"四维"概念，它超越了静态的三维评价体系。在现代服装结构中，对经典板型的应用，都是在静态的三维空间意识中进行的：每一条线、每一个空间都被赋予了规定的含义。

在创意立裁的"互动"中，由于融入了拓扑理念，使设计者不拘泥于现有形式，每条线、每个空间、每个细节都能循环、转换。

图 5-82

图 5-83

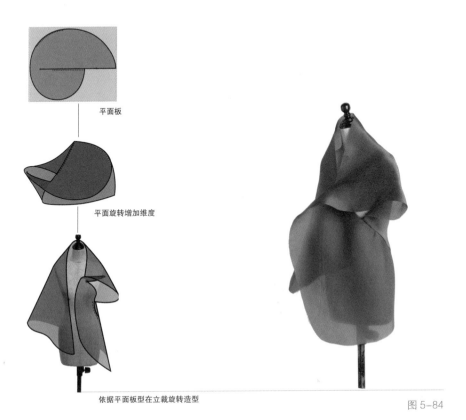

平面板

平面旋转增加维度

依据平面板型在立裁旋转造型

图 5-84

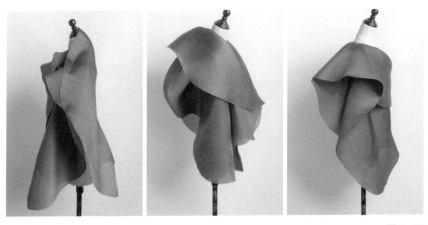

图 5-85

图 5-86

　　由此形成的"拓扑互动"是"创意立裁"中的特色部分。拓扑空间以接近于"无形"的境界让我们在创意立裁的互动中拥有"无限"的空间与形态。不管用何种手法操作,拓扑造型思维下的衣、袖、领、前后衣片、上下衣身,都将呈现出连接、循环、转换、矛盾等空间形式(图 5-86~ 图 5-97 )。

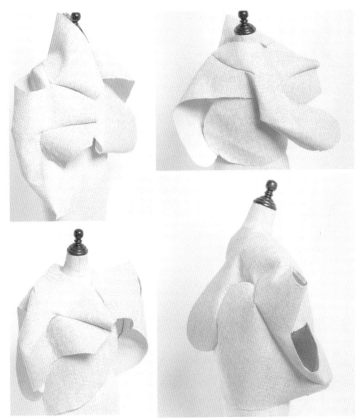

图 5-87

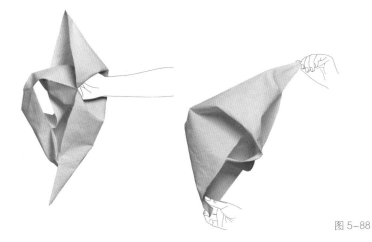

图 5-88

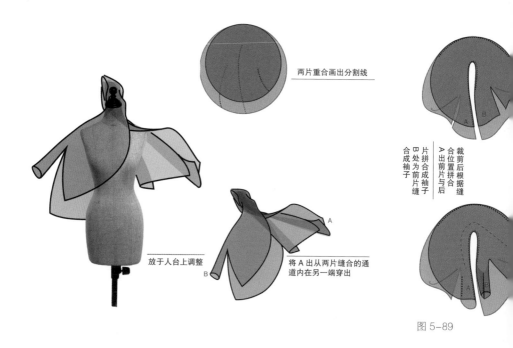

两片重合画出分割线

放于人台上调整

将 A 出从两片缝合的通道内在另一端穿出

裁剪后根据缝合位置拼合，A 出为前片与后片拼合成袖子，B 处为前片缝合成袖子

图 5-89

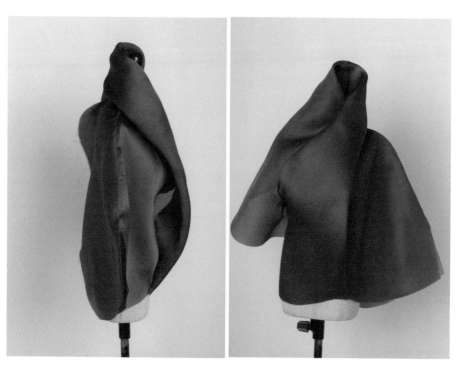

图 5-90

图 5-91

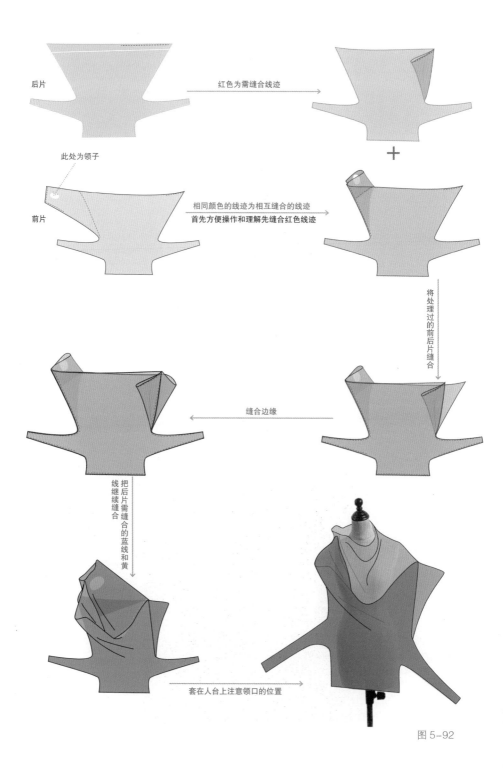

后片

红色为需缝合线迹

此处为领子

前片

相同颜色的线迹为相互缝合的线迹
首先方便操作和理解先缝合红色线迹

将处理过的前后片缝合

缝合边缘

把后片需缝合的蓝线和黄线继续缝合

套在人台上注意领口的位置

图 5-92

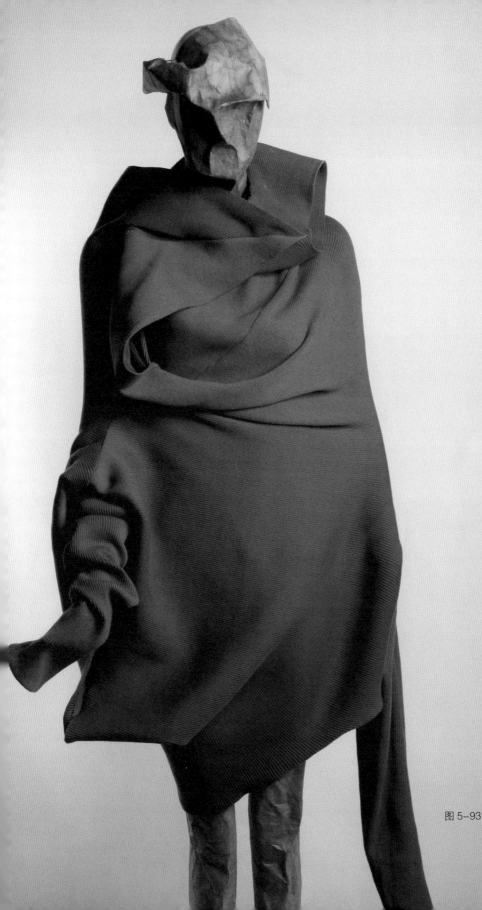

图 5-93

图 5-94

图 5-95

图 5-96

那些看上去像几何但又感到有些别扭的几何体，可能就是循环转换之中的拓扑空间。

建筑师格雷格·林恩认为，拓扑曲面固有的弯曲性表现了将不同问题进行整合的逻辑；拓扑曲面依靠向量描述，因此它们可以系统地将时间因素和运动因素的影响表达在形态之上。

图 5-97

## 2. 分形结构造型

分形结构来自于分形几何。分形几何的概念由曼德布罗特 1975 年提出，它是探索和处理自然与工程中不规则图形的理论工具。分形几何的基本思想是：客观事物具有自相似的层次结构，局部与整体在形态、功能、空间等方面具自相似性。可以将其简单理解为一个粗糙或零碎的几何形状可以分成多个部分，且每一部分都（至少近似地）是整体缩小后的形状。分形几何在任意小的尺度上都能有精细的结构，并且其结构往往呈现出明显的秩序性和渐变感。实际上自然界中没有真正的分形，但服装造型设计可以利用事物的自相似性进行几何的分形。

"分形"可以简单地理解为"某个简单的几何形状可以分成多个结构近似的部分"。利用分形几何概念以及维度空间的量能转换，对于创意立裁有着直接的借鉴价值。分形是以"非整数维"的形式充填空间的形态，来表达一个动态的变化过程。相似性是它最基本的特征，具有一定的秩序感。

分形形态使我们改变了用孤立的眼光看待事物中点、线、面的思维习惯，而是把它们视为一个整体形的产物，点线面是从形中分离出来的，而不是用点线面去"造形"。这些特有的形态，是可以用数学、物理的方式有系统、有逻辑地加以运算和描述。运算的结果让我们看到原本无法"看到"的惊人细节（包括空间结构）：它们以相似的"层次"结构，使事物细化至无穷的层次。适当的放大或缩小，并不能改变它的尺寸和结构。这种由数学运算出的复杂形态，为人们增添了新的审美追求和审美对象。

在创意立裁中引入分形理念，可以让一个立体几何随着分形次数的递增而逐渐分解，从而转化成另一种形态，同时又保持了原结构的相似性。它们由局部出发延伸至整体。在分形造型形态中，整体常常反映出局部的特征，或者说，整体是由局部的特征构成的。

分形造型可分从以下两类入手：一是几何分形，它不断地重复同一种形态或图案；几何分形常呈现出多个几何体的相交或相嵌，以此拓展出的空间维度造成强烈的空间感受。另一种是随机分形，包括用计算机依靠迭代生成的方法，创造出奇异而混沌的图形。在创意立裁中，我们也可以进行类似的分割，无疑会为设计者扩展出新的自由空间，它超出了以人的主观审美和寓意为触发点的创作模式，让人得以进入纯粹的形式情景中去。

（1）圆柱分形

在以圆柱体为分形的基础体上，先在圆柱中央位置挖两个开口，其大小分别能适应于颈部以及臀部大小。将圆柱简单地分割，然后套在人台上（图5-98）。

用其他分割形式进行分割，并观察圆柱分割完成后呈现出的分形自相似性。在随机的操作中发觉它的形态可塑性，再置于人台上调整造型（图5-99）。

参照下面的图例（图5~100~ 图5-102），用面料展开款式造型。

图 5-98

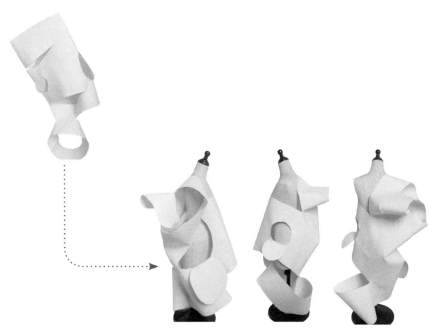

图 5-99

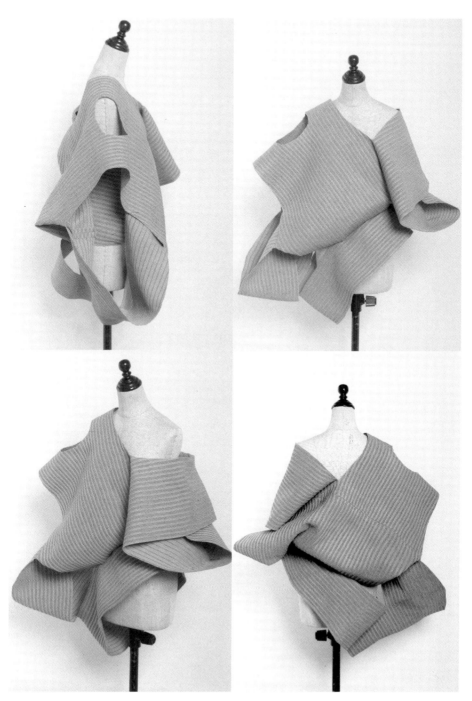

图 5-100

图 5-101

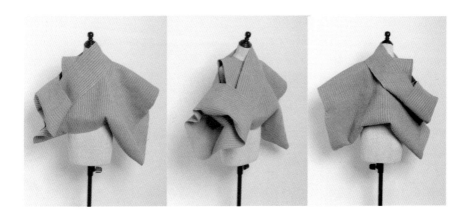

图 5-102

（2）锥体分形（图5-103）

在锥体基础上只分割一刀套置人台上，观察到锥体被分割成两个非常明确的相似锥型分形空间，依据此形态进行服装在人体上的造型可能。

在同样的锥体上随机分割两刀或三刀，使锥体自身形态与分形语言互溶。参照图5-105的造型互动形式，则摆脱了锥体与人体近似形态的拘泥，呈现出分形语言自身带来的超乎想象的空间形态。选择各种形态与人体互动，以诱发更多的造型可能。

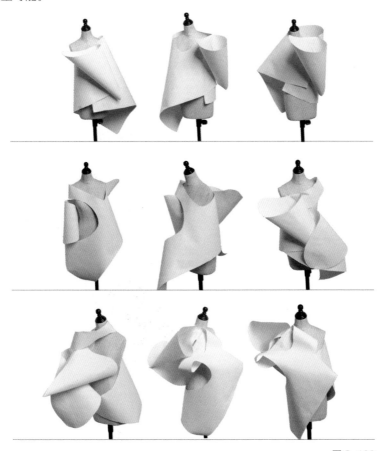

图5-103

图 5-104

（3）锥体分形拓展

做一锥体基本型，可直接放在人台上做随机分形，一边观察分形完成的连续、分叉及缠绕的几何形态，一边进行造型发散。先将一块正方形布的两个邻近边缝合构造成锥体（去掉顶角），然后在锥体上随机分形。由于分割线的数量、形状可变性与立体几何形态的灵活度相结合，可产生无穷尽的多样分形空间。

选择一种分形空间形态并与人体互动，选择有灵感的秩序部分展开互劝，是不断完善服装创造语境的过程（图5-105、图5-106）。

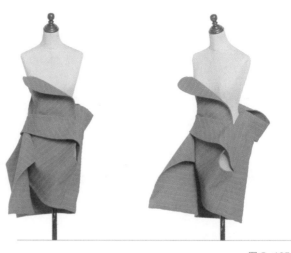

图 5-105

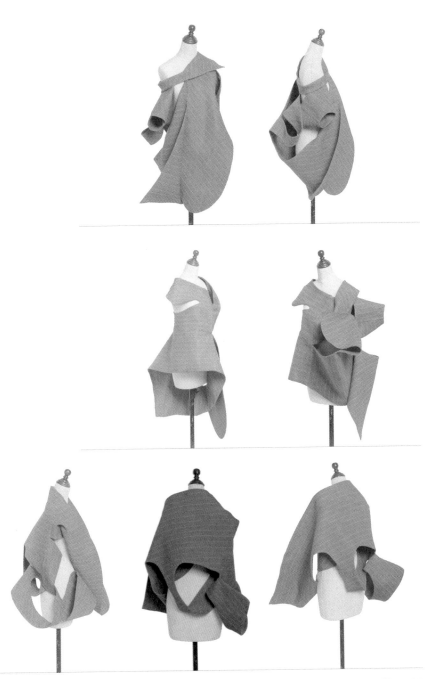

图 5-106

　　"分形"似乎具有一定的衍生性，它能将某一个局部切割、组合出丰富的维度效果。但实际上，分形是维度的分数化，是非整数的维度（例如 2.5 维，即可描述为二又二分之一维），看来分形空间还难以被列入多维空间的范畴。但分形毕竟以它独特的形式，让我们意识到空间的维度是可以从整数维拓展到分数维的。从计算机推算出来的分形空间上可以看到：分形产生的空间造型是人类思维所难以想象的。下面的图例（图 5–107~ 图 5–110）是依据分形造型方法进行的款式造型尝试。

图 5–107

图 5-108

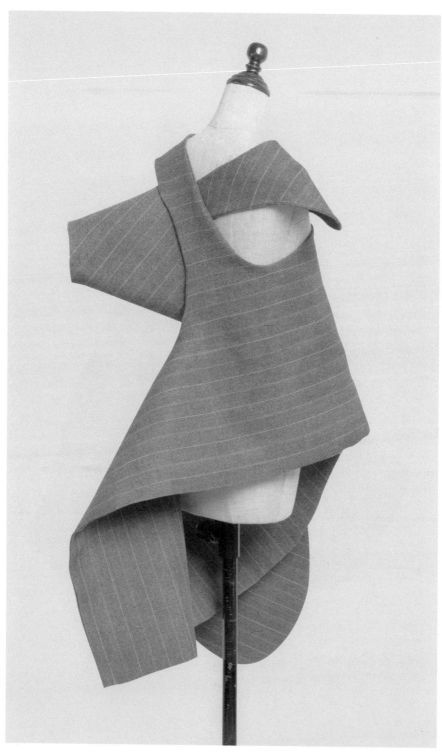

图 5-109

图 5-110

　　从个人的角度理解"空间"内涵，很大程度上包含着一些尝试因素。当尝试着在"创意立裁"中增加一些理性思考和感性审美相结合的成分，意味着创意不单单是感性的天下，许多理性元素正等候着"入场"的时机。深度的思考确实离不开理性（包括逻辑）的支持，在本章中，我对一些司空见惯的概念重新进行了梳理，这对创意立裁具有格外的意义。为此，我甘愿冒着"偏颇"、"歧义"的风险，仅供抛砖引玉。

# 后 记

当拿起一块面料放在人台上，手的触感和眼睛的感知带来很多信息，那一瞬间，我很容易产生一种不由自主的创作冲动，面料覆着人台，能展开多少无穷无尽的设计构思！这是从事立裁教学二十多年带来的习惯，在面料与人台的皱褶间能感受到服装的生命在流动，体面转折的空间中藏着非常奇妙的语言。我试图寻找这种语言的规律，从最初的尝试到欲罢不能的实验，服装的意义在面料、人台、缝纫机、样板中来回被反复的验证，这个过程至今已有七个年头了。

其中自有乐趣不可言说，面料在光影下形成独特造型的瞬间喜悦，刹那间对一个设计点真正领悟的激动，足以淹没了日日夜夜的痛苦思考。

对思维的分析是艰难的，尤其当需要用真实可靠的技术来支撑理论的时候。建立一个框架要经过反反复复的推敲，兴奋和沮丧、无法突围的困惑来来回回萦绕在脑海中，失眠的夜晚在造型空间和纬度体验的思虑中度过。学生们一届届地毕业了，他们的反馈不断验证着我的思考，服装创意立裁课程在北京服装学院转眼也开设五年了。

此书终于完稿。就像禅宗的"不立文字"，书中的文字简略，它后面曾堆着厚厚的数不清的草稿图，因为"动手"才是本书的主题，文字过多会埋没读者思考的空间。图例是从几千个案例中摘取的，每一张实物图我们都经过了手动的实验，是一比一板型和样衣制作的实证基础上完成的；用 AI 绘制的插图模拟了立体空间的转折变化，都是在用坯布或折纸做出模型拍照之后描绘的。

我特意谈到这一点，是希望读者朋友们可以拿起一块布，或者一张纸，放下书，进入到设计之中。书中所有看似夸张和随意的造型图例，里面植入了很多信息，它们默默等待，等待与大家终于相逢在会心一笑中。

七年来，我几乎没有过假日，创意立裁工作室一般会在晚上 10 点左右关灯。这些看似谁都可以摆弄的造型与款式，需要实证一点点地调准角度，没有捷径，只有成堆的白坯布和样板纸能给出答案。多少次无法坚持，身体和精神几乎崩溃，是北京服装学院刘元风院长对教学的大力支持给了我坚持的力量；贾荣林副院长协助解决了立裁实验过程中拍照技术、专业摄影设备等问题；学院科研处的朋友们对我的鼓励在此要道一声感谢。特别感谢服装艺术与工程学院赵平院长、郑嵘院长对"创意立裁"课程建设的重视，多年以来，院领导们对创意立裁的系列实验给予了最充分的支持，并对创意立裁研究过程给予了最大的耐心。感谢同事好友刘娟、刘瑞璞、王羿等在很多方面的无私协助。同时感谢参加创意立裁系列实验的一届届的学生们，他们对立体裁剪中的设计渴望，促成了创意立裁的研究契机，他们年轻蓬勃的设计灵感给了我莫大的启发，他们用自己的实践证明了创意立裁的应用价值，使创意立裁训练系统日趋完善。北京服装学院优越的教学环境让一切成为可能，这些感恩之心是无法用语言来表达的。

最后要感谢林志远先生对我多年来研究给予的支持，与他在专业上的广泛交流，对该书的研究和写作起了非常重要的作用。

2013.11